网络工程设计教程

石振刚　主编

东北大学出版社

·沈　阳·

ⓒ 石振刚 2022

图书在版编目（CIP）数据

网络工程设计教程 / 石振刚主编. — 沈阳 ： 东北
大学出版社，2022.5
ISBN 978-7-5517-2987-1

Ⅰ. ①网⋯　Ⅱ. ① 石⋯　Ⅲ. ①网络工程－网络设计－
高等学校－教材　Ⅳ. ①TP393

中国版本图书馆 CIP 数据核字（2022）第 091734 号

出 版 者：东北大学出版社
　　　　　地址：沈阳市和平区文化路三号巷 11 号
　　　　　邮编：110819
　　　　　电话：024－83680182（总编室）　83687331（营销部）
　　　　　传真：024－83680182（总编室）　83680180（营销部）
　　　　　网址：http：∥www. neupress. com
　　　　　E-mail: neuph@ neupress. com
印 刷 者：沈阳市第二市政建设工程公司印刷厂
发 行 者：东北大学出版社
幅面尺寸：185 mm×260 mm
印　　张：13
字　　数：293 千字
出版时间：2022 年 5 月第 1 版
印刷时间：2022 年 5 月第 1 次印刷
责任编辑：邱　静
责任校对：汪彤彤
封面设计：潘正一
责任出版：唐敏志

ISBN　978-7-5517-2987-1　　　　　　　　　　定　价：36.00元

前　言

随着微电子技术、计算机技术和通信技术的快速发展及相互渗透融合，计算机网络已成为现代社会的基础设施。经济建设、社会发展、国家安全乃至政府的高效运转都越来越依赖计算机网络。在此背景下，网络工程建设已成为一个具有广阔前景的巨大产业，网络工程建设的第一步就是网络工程设计。目前，高等学校教育比较缺乏系统培养网络工程设计人才的经验，同时也缺乏这方面的适用教材。为了满足学校的教学需要，编者编写了本教材。

本教材不是大而全的网络工程设计参考手册，而是着重论述目前网络工程设计采用的比较成熟的思想、结构和方法，并力求做到深入浅出、通俗易懂。本教材主要讲解网络工程设计的原理、方法和技术，共分为7章。第1章是网络工程设计基础，主要介绍网络工程设计所涉及的概念及过程。第2章和第3章主要介绍交换机和路由器这两个重要的网络工程设备。第4章主要讲解无线网络技术。第5章针对结构化布线与机房工程设计进行介绍。第6章主要讲解网络工程设计中的安全设计问题。第7章简单介绍网络工程验收与运维。

本教材结构清晰、实用性较强，具有教材和技术文档的双重特点。本教材主要供高等院校通信工程、网络工程、计算机科学与技术等专业本科学生学习网络工程设计课程使用，同时也可作为技术参考书供网络工程设计人员、系统集成实施人员以及网络管理人员使用。

本教材的编写得到了沈阳理工大学沈红副教授的指导和支持，在本教材完稿之后，沈红副教授在百忙之中认真审阅了初稿，并提出了许多宝贵意见，在此向她致以最诚挚的谢意。编者在编写本教材过程中，还得到了沈阳理工大学信息学院胡树杰副教授的大力支持和帮助。另外，本教材的出版得到了辽宁特聘教授人才项目的支持。

本教材由石振刚主编，刘立士、国一兵、佟川及臧晶参与编写。由于网络工程技术涉及的知识面非常广泛，相关技术发展迅速，加之编者水平有限，虽经编者艰苦努力，但教材中难免有错漏之处，欢迎广大读者批评指正。

编　者

2020 年 6 月

目　录

第 1 章　网络工程设计基础

本章将简要介绍计算机网络工程设计所涉及的基本概念及基本过程。重点介绍网络工程系统集成的概念及特点、网络工程系统集成的体系框架、网络体系结构及协议的概念，掌握 OSI 参考模型及 TCP/IP 协议族，介绍网络工程的实施步骤，最后介绍网络设备。

1.1　网络工程设计概述

自 20 世纪 60 年代计算机网络问世以来，以 Internet 为代表的计算机网络已经深入人们的生活、工作和学习等各个方面。网络系统集成与网络工程设计是构建计算机网络系统的基础，目前已经成为社会信息化发展的支柱产业，受到社会的广泛关注。

在现代社会中，科学是指对于现实中所存在的事实及现象，在观察的基础上，对其进行分类、归纳、分析、推理及实验，进而发现事物的规律，并加以验证的公式化的知识体系。科学的实质在于使人们认识世界。工程是将特定设想的目标作为依据，应用有关技术方法及相应的科学知识，通过劳动者有组织的活动将现有实体转变为具有某种预想使用价值的劳动产品的过程。

网络工程是根据网络建设者的投资规模及相应需求，在合理选择所需各种网络设备及软件产品的基础上，通过集成设计、施工实施及测试培训等工作，建成具有优良性价比、可靠且对人类有用的计算机网络的过程。

设计是把一种设想通过合理的规划、周密的计划，通过各种感觉形式传达出来的过程。人类通过劳动改造世界、创造文明、创造物质财富和精神财富。最基础、最主要的创造活动是造物。设计是造物活动进行的计划，可以把任何造物活动的计划技术和计划过程理解为设计。

根据网络工程及设计的概念，可以将网络工程设计定义为：网络工程设计是根据网络建设者对网络建设的需求，从网络系统集成、网络数据通信及综合布线等方面综合考虑，合理选择各种网络成熟产品及先进的网络技术，为网络用户提供具备合理性能及具有规模适应性、可靠性、安全性的网络系统解决方案。该方案能够科学地指导网络系统集成工作，通过网络系统集成工作将各种成熟的网络设备、稳定的操作系统及适应的应用系统进行有机整合，形成满足用户需求的一体化网络系统。因此，网络工程设计是网络建设的首要环节。网络工程设计并非一项简单的工作，而是一个较复杂的问题，要从多个方面进行考虑。例如，要考虑选型设备厂商是否具有较强的实力与较好声誉、设备代理商能否提供强有力的技术支持等。所以，做好网络工程设计必须要具有丰富的网络系统集成知识，同时要掌握科学的网络工程设计理论与方法。有关问题的详细内容将在本书的后续章节进行介绍。

1.2　网络工程系统集成

系统集成是工程中常用的一种实现复杂系统的工程方法，选购标准系统组件及自主开发部分关键组件进行组装，实现复杂系统的整体功能。

1.2.1　网络工程系统集成的定义

系统是指为实现某种目标而将一些元素进行有效结合的有机体。集成是将单个器件组合成一台有用设备的过程。系统集成则是依据用户的需求，在既有规范的指导下，整合用户可利用资源，优选成熟的产品及技术，提出科学、系统的解决方案，并依据所提解决方案对各个子系统进行有效的综合组织，形成一个整体、高效、经济的系统。

网络工程系统集成就是根据用户对所建网络的需求，采用相适应的技术和方法，系统地将网络设备（交换机、路由器、服务器）与网络软件（操作系统、应用系统）组合成一个有机整体的过程。通常网络工程系统集成分为用户需求分析、逻辑网络设计、物理网络设计及测试四个步骤。这四个步骤可以循环进行，逻辑网络设计和物理网络设计的结果可根据信息收集的变化而变化，螺旋式地深入到需求和规范的细节中，从而避免从一开始就陷入设计细节的陷阱中。

1.2.2　网络工程系统集成的特点

决定网络工程系统集成成败的关键性因素是网络工程建设各方参与者。首先，设计者根据建设者的意图对所建网络系统的功能进行分析，以得到该网络系统的总体指标；其次，建设者要将得到的总体指标按照一定规则分解成多个子系统指标；最后，建设者要根据实际情况选择适合的供货商、适合的承建商进行网络系统的建设、调试、培训及运维等工作。

概括地讲，网络工程系统集成有以下特点。

1.2.2.1　注重网络系统的整体性能

在建设一个网络系统时，承建系统集成商首先要保障必须达到项目合同所规定的系统整体性能指标。若在网络工程完工后，整个网络系统运行时无法达到合同所规定的性能指标，这个时候再找原因，进行网络系统的修复与调整则存在很大难度，且会造成极大的浪费。因而，系统集成商要先根据所签订合同中规定的性能要求列出重要的网络系统性能指标，再将这些性能指标逐个地分解到每个所选产品、设备及其接口中。作为一个合格的网络工程系统集成商，不应只具有集成网络工程系统的能力，更为重要的是要具有分析网络系统特定性能要求的能力。

1.2.2.2　注重网络工程建设质量

在网络工程建设过程中，网络工程系统集成商必须高度重视网络工程的建设质量。如果网络工程系统集成商缺乏有效的监督和管理手段，相关的政策、法规及规范不够完善，那么会给网络工程建设带来极大的质量隐患。管理的系统化和规范化在网络工程系统集成过程中非常重要，是决定网络工程建设质量的关键因素。作为一项系统化工程，网络工程系统集成必须以系统化、科学化、规范化的管理方法来实施。要求建设的所有网络系统都应具有规范化的数据及完备的工程文档，尤其要重视接口规范。网络工程系统集成在本质上就是将不同的产品、不同的设备按照规范的接口集成，来实现所要求的网络系统功能。隔离各个子系统组件的地方就是接口，网络工程系统集成不是针对具体设备产品的研发，而是对设备产品的集成，因而理解及很好地解决设备产品之间的接口问题就显得非常重要。

1.2.2.3　注重建设各方的关系

技术、管理和建设各方的关系是决定一个网络工程建设项目成败的三个关键因素。在这三个关键因素中，技术是基础，管理是保障，建设各方良好的关系是重点。因为网络工程系统集成商不应代表设备厂商的利益，而应代表网络工程建设方的利益来进行网络系统的建设。网络建成以后是由建设方使用的，因此，要加强与建设方的交流与沟通，增强与建设方的协调与理解，这是在网络工程建设过程中必须坚持的。在处理网络工程建设过程中的用户关系与用户服务时要着重注意两个问题。第一，应向建设方就设计方案与网络工程管理规范进行详尽全面的介绍，并与建设方进行反复讨论，取得建设方的支持和理解。第二，在网络工程的建设过程中，网络工程系统集成技术人员应与建设方的技术人员共同工作在一线，当建设方技术人员遇到问题时，网络工程系统集成技术人员应耐心讲解。这样，不仅可以使网络工程系统集成商能够得到建设方的大力支持，保证网络工程的顺利建设，同时也为建设方培养了一支技术队伍，为网络工程建成后的运行与维护奠定了技术保障基础，减少了网络工程系统集成商的售后维护成本。网络工程建设实践证明，开放式的用户服务不仅能建立良好的用户关系，锻炼自己的建设队伍，强化为用户服务的观念，而且也能保证网络工程实施过程中与用户保持友好的合作关系，大大加快网络工程的建设进度。

1.2.3　网络工程系统集成的体系框架

网络系统集成是指结合应用领域的实际需求，把硬件平台、网络设备、系统器件、工具软件以及有关的应用软件集合形成具备良好性质功能与合理价格的计算机网络系统和应用系统的整个过程。网络系统集成可以给用户带来诸多便利，帮助用户完成方案规划、产品对比筛选、网络布局、软硬件平台搭配设置、应用软件研发以及一系列的后续服务等活动，给用户带来全面的服务体验。对于网络系统集成而言，其本质就是科学合理地选定形式多样化的软件及硬件，并借助专业工作者的编制、装置、调配，运用研发、管理控制等环节的作用，根据消耗能量较低、整体效率较高、可靠性程度较高的组织基本原理实现所有软件与硬件的组合，以及后续一系列的实际运用。但网络系统集成并非简单地将硬件与软件随意地叠加在一起，而是全方位地借助多样化的计算机技术，以达到用户实际需求标准为目的进行充分整合，属于价值的反复创造行为。可以说网络集成的重点在于综合全面化不留缝隙的整合和设计，把各类设备技术科学有效地集结在一起，让它可以完成用户在实践中的具体所需，同时体现出优良的性质、功能与合理的价格。

网络工程系统集成整个架构的组成主要包括下面几部分。

1.2.3.1　环境支持平台

环境支持平台，具体来说是在网络运作过程中，对于其安全稳定性所带来支撑的一系列环境保护手段。一般有机房环境、电源功能配备、地线的设置以及防雷系统的构建等。由于在机房需要安装各式各样的设备，因此对于机房的环境及条件有十分严格的要求。机房的稳定、空气湿度及防火设备等都必须严格遵循国家的相关标准。电源是确保网络系统得以顺利运行的关键因素，供电设备容量必须具备充分的存储功能，其所供输的功率要占到所用设备荷载的 125%，不仅要确保满足供电，而且要使用供输稳定的UPS 电源，这样才能够确保网络用电的连续性，避免出现网络断电问题的发生。接地不仅能够给计算机系统内部的数字电路供输相对稳定的低电位，确保设备与用户免受安全威胁，还是防止电磁信息外泄问题出现的关键手段。要想尽可能地降低雷电所带来的财产损失，在对网络系统进行构造建设的过程中必须严格遵守我国《建筑物防雷设计规范》中的相关规定。

1.2.3.2　计算机网络平台

计算机网络平台在网络系统中具有重要的支撑性作用。网络传输基础设施是以网络连通为目的而敷设的信息通道。传输技术是网络的核心技术之一，是网络的信息"公路"和"血管"。传输线路带宽的高低不仅体现网络的通信能力，也体现网络的现代化水平。网络通信设备是通过网络基础设施连接网络节点的各类设备，包括网络接口卡（NCI）、中继器、集线器（HUB）、网桥、交换机、路由器和网关等。网络中的节点之间要想正确地传送信息和数据，必须在数据传输的速率、顺序、数据格式及差错控制等方面有一个约定或规则。这些用来协调不同网络设备之间信息交换的规则称为协议。

1.2.3.3　应用基础平台

Internet/Intranet 业务是指建立在 TCP/IP 协议体系基础之上，以信息沟通、信息发布、数据交换和信息共享为目的的一组服务程序，包括 E-mail，WWW，FTP，DNS 等服务。网络数据库平台由三部分组成：DBMS，SQL 服务程序和数据库工具。群件与数据库管理系统相似，是一个配置在服务器中网络操作系统上的集成模块，目前只有符合身份认证要求的经核实与认证后才有资格进行。

1.2.3.4　信息系统平台

这部分是在计算机网络平台及网络信道以及数据加密技术去完成对关键信息的传递工作，是在基础应用平台作用的前提下，系统集成商为用户研制开发的。

1.2.3.5　网络安全平台

网络安全工作的关键就是避免信息外泄以及避免这一问题的有关定义及其特征。

1.3　网络体系结构与协议

网络体系结构是指网络通信系统的整体设计，它为网络硬件、软件、协议、存取控制和拓扑提供标准。它广泛采用的是国际标准化组织（ISO）在 1979 年提出的开放式系统互联通信参考模型（OSI）。网络体系结构是计算机之间相互通信的层次，以及各层中的协议和层次之间接口的集合。协议是计算机网络和分布系统中互相通信的对等实体间交换信息时所必须遵守的规则的集合。

计算机网络是一个非常复杂的系统，需要解决的问题很多，并且性质各不相同。所以，在阿帕网（ARPANET）设计时，就提出了分层的思想，即将庞大且复杂的问题分为若干个易于处理的局部问题。

1.3.1　网络层次结构

计算机网络协议几个准则中的层次结构一直是我们学习的重点内容。图 1.1 所示是对它的层次结构的详细讲解。层次结构的好处在于使每一层实现一种相对独立的功能。分层结构还有利于交流、理解和标准化。所谓网络的体系结构，就是计算机网络各层次及其协议的集合。层次结构一般以垂直分层模型来表示（图 1.1）。

1.3.1.1　层次结构的要点

（1）除了在物理媒体上进行的是实通信之外，其余各对等实体之间进行的都是虚通信。

（2）对等层的虚通信必须遵循该层的协议。

（3）n 层的虚通信是通过 n 与 $n-1$ 层间接口处 $n-1$ 层提供的服务以及 $n-1$ 层的通

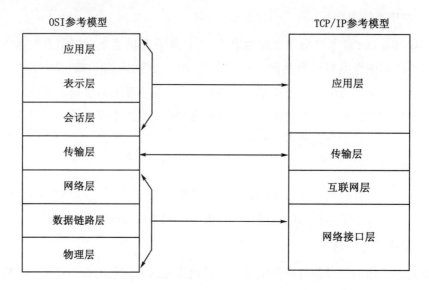

图 1.1

信来实现的。

1.3.1.2 层次结构划分的原则

（1）每层的功能应是明确的，并且相互独立。当某一层的具体实现方法更新时，只要保持上、下层的接口不变，便不会对邻居产生影响。

（2）层间接口必须清晰，跨越接口的信息量应尽可能少。

（3）层数应适中。若层数太少，则造成每一层的计算机网络协议太复杂；若层数太多，则体系结构过于复杂，使描述和实现各层功能变得困难。

1.3.1.3 网络体系结构的特点

（1）以功能作为划分层次的基础。

（2）第 n 层的实体在实现自身定义的功能时，只能使用第 $n-1$ 层提供的服务。

（3）第 n 层在向第 $n+1$ 层提供服务时，此服务不仅包含第 n 层本身的功能，还包含由下层服务提供的功能。

（4）仅在相邻层之间有接口，且所提供服务的具体实现细节对上一层完全屏蔽。

1.3.2 网络协议

网络协议是计算机网络中为进行数据交换而建立的规则、标准或约定的集合。协议是用来描述进程之间信息交换数据时的规则术语。在计算机网络中，两个相互通信的实体处在不同的地理位置，其上的两个进程相互通信，需要通过交换信息来协调它们的动作达到同步，而信息的交换必须按照预先共同约定好的规则进行。

网络协议由三个要素组成。

（1）语义。语义是解释控制信息每个部分的意义。它规定了需要发出何种控制信息，以及完成什么样的动作与做出什么样的响应。

（2）语法。语法是用户数据与控制信息的结构与格式，以及数据出现的顺序。

（3）时序。时序是对事件发生顺序的详细说明。

人们形象地把这三个要素描述为：语义表示要做什么，语法表示要怎么做，时序表示做的顺序。计算机之间是如何通过网络交换信息的呢？就像我们说话用某种语言一样，在网络上的各台计算机之间也有一种语言，即网络协议，不同的计算机之间必须使用相同的网络协议才能进行通信。在网络的各层中存在着许多协议，接收方和发送方同层的协议必须一致，否则一方将无法识别另一方发出的信息。网络协议使网络上各种设备能够相互交换信息。常见的协议有：TCP/IP 协议、IPX/SPX 协议、NetBEUI 协议等。

1.3.3　OSI 参考模型

OSI 是 ISO 在 1985 年研究的网络互联模型。该体系结构标准定义了网络互联的七层框架（物理层、数据链路层、网络层、传输层、会话层、表示层和应用层）。这一框架又进一步详细规定了每层的功能，以实现开放系统环境中的互连性、互操作性和应用的可移植性。

OSI 参考模型定义了开放系统的层次结构、层次之间的相互关系及各层所包含的可能的服务。它是作为一个框架来协调和组织各层协议的制定，也是对网络内部结构最精练的概括与描述。OSI 参考模型的服务定义详细说明了各层所提供的服务。各种服务定义了层与层之间的接口和各层所使用的原语，但是不涉及接口是怎么实现的。OSI 参考模型中的各种协议精确地定义了应当发送什么样的控制信息，以及应当用什么样的过程来解释这个控制信息。ISO/OSI 参考模型并没有提供一个可以实现的方法，只是描述了一些概念，用来协调进程之间通信标准的制定。在 OSI 范围内，只有在各种协议是可以被实现的，而且各种产品只有和 OSI 的协议相一致时才能互联。也就是说，OSI 参考模型并不是一个标准，而是一个在制定标准时所使用的概念性的框架。历史上，在制定计算机网络标准方面起着很大作用的两大国际组织是 CCITT 和 ISO。CCITT 与 ISO TC97 的工作领域不同，CCITT 主要是从通信角度考虑一些标准的制定，而 ISO TC97 则关心信息的处理与网络体系结构。随着科学技术的发展，通信与信息处理的界限变得比较模糊，于是，通信与信息处理就成为 CCITT 与 ISO TC97 共同关心的领域。CCITT 的建议书 X.200 就是开放系统互联的基本参考模型，它与 ISO 7498 基本相同。很早的时候，很多大型公司都拥有网络技术，公司内部计算机可以相互连接，但却不能与其他公司的计算机连接。因为没有一个统一的规范，计算机之间相互传输的信息对方不能理解，所以不能互联。ISO 为了使网络应用更为普及，就推出了 OSI 参考模型。其含义就是推荐所有公司使用这个规范来控制网络，这样所有公司都有相同的规范，就能互联了。提供各种网络服务功能的计算机网络系统非常复杂，根据分而治之的原则，ISO 将整个通信功能划分为七个层次，划分原则是：

（1）网路中各节点都有相同的层次。

（2）不同节点的同等层具有相同的功能。

（3）同一节点内相邻层之间通过接口通信。

（4）每一层使用下层提供的服务，并向其上层提供服务。

（5）不同节点的同等层按照协议实现对等层之间的通信。

分层的好处是利用层次结构可以把开放系统的信息交换问题分解到一系列容易控制的软硬件模块——层中，各层可以根据需要独立进行修改或扩充功能，同时，不仅有利于不同制造厂家的设备互联，也有利于大家学习、理解数据通信网络。OSI 参考模型中不同层完成不同的功能，各层相互配合，通过标准的接口进行通信。

第七层即应用层，OSI 中的最高层，为特定类型的网络应用提供访问 OSI 环境的手段。应用层确定进程之间通信的性质，以满足用户的需要。应用层不仅要提供应用进程所需要的信息交换和远程操作，而且要作为应用进程的用户代理，来完成一些为进行信息交换所必需的功能。它包括：文件传送访问和管理 FTAM、虚拟终端 VT、事务处理 TP、远程数据库访问 RDA、制造报文规范 MMS、目录服务 DS 等协议。应用层能与应用程序界面沟通，以达到展示给用户的目的。常见的协议有：HTTP，HTTPS，FTP，TELNET，SSH，SMTP，POP3 等。

第六层即表示层，主要用于处理两个通信系统中交换信息的表示方式，为上层用户解决用户信息的语法问题。它包括数据格式交换、数据加密与解密、数据压缩与终端类型的转换。

第五层即会话层，在两个节点之间建立端连接，为端系统的应用程序提供对话控制机制。会话层管理登录和注销过程，它具体管理两个用户和进程之间的对话。

第四层即传输层，为会话层提供一个端到端的可靠、透明和优化的数据传输服务机制，包括全双工或半双工、流控制和错误恢复服务。传输层把消息分成若干分组，并在接收端对它们进行重组，不同的分组可以通过不同的连接将信息传送到主机。这样既能获得较高的带宽，又不影响会话层。在建立连接时，传输层可以请求服务质量，该服务质量指定可接收的误码率、延迟量、安全性等参数，从而实现基于端到端的流量控制功能。

第三层即网络层，通过寻址来建立两个节点之间的连接，为源端运输层送来的分组选择合适的路由和交换节点，正确无误地按照地址传送给目的端的运输层。它包括通过互联网络来路由和中继数据。除了路由选择之外，网络层还负责建立和维护连接、控制网络上的拥塞以及在必要的时候生成计费信息。

第二层即数据链路层，主要功能是将数据分帧、处理流控制、屏蔽物理层、为网络层提供一个数据链路的连接，在一条有可能出差错的物理连接上，进行几乎无差错的数据传输（差错控制）。本层指定拓扑结构并提供硬件寻址。常用设备有网卡、网桥和交换机。

第一层即物理层，处于 OSI 参考模型的最底层。物理层的主要功能是利用物理传输介质为数据链路层提供物理连接，以便透明地传送比特流。常用设备有集线器、中继器、调制解调器、网线、双绞线、同轴电缆等。

数据发送时是从第七层传到第一层，接收数据时则相反。OSI 上三层总称为应用层，用于软件方面的控制；下四层总称为数据流层，用来进行硬件的管理。除了物理层之外，其他层都是用软件实现的，数据在发至数据流层的时候将被拆分。OSI 参考模型中每个层次接收到上层传递过来的数据后都要将本层次的控制信息加入数据单元的头部，一些层次还要将校验和等信息附加到数据单元的尾部，这个过程叫作封装。每层封装后数据单元的叫法不同，在应用层、表示层、会话层的协议数据单元统称为 data（数据），在传输层协议数据单元称为 segment（数据段），在网络层称为 packet（数据包），在数据链路层协议数据单元称为 frame（数据帧），在物理层称为 bits（比特流）。当数据到达接收端时，每一层读取相应的控制信息，根据控制信息中的内容向上层传递数据单元，在向上层传递数据单元之前去掉本层的控制头部信息和尾部信息（如果有的话），这个过程叫作解封装。这个过程逐层执行直至将对端应用层产生的数据发送给本端相应的应用进程。

OSI 模型用途相当广泛，比如交换机、集线器、路由器等很多网络设备都是参照 OSI 模型进行设计的。网络设计者在解决网络体系结构时经常使用 ISO/OSI 七层模型，该模型每一层代表一定层次的网络功能。比如最下面的物理层，它代表着进行数据传输的物理介质，换句话说，即网络电缆，其上是数据链路层，它通过网络接口卡提供服务。

前面简单地说明了七层体系 OSI 参考模型，为了更好地理解 OSI 参考模型以及日后更深入地学习 OSI 的各个层次，下面先对一些易混淆概念进行阐述，然后对 ISO 7498 中最重要的基本概念进行阐述。前面我们已经说起体系结构的问题，并且已经知道体系结构是抽象的，而实现是具体的。一般情况下，"系统"是指实际运作的一组物体或物件，而在"OSI 系统"这种说法中，"系统"具有特殊含义（即参考模型）。为了区别起见，我们用"实系统"表示在现实世界中能够进行信息处理或信息传递的自治整体，它可以是一台或多台计算机以及与这些计算机相关的软件、外部设备、终端、操作员、信息传输手段的集合。若这种实系统在和其他实系统通信时遵守 OSI 参考模型，则这个实系统就叫作开放实系统。但是，一个开放实系统的各种功能都不一定和互联有关，而我们以后要讨论的开放系统互联参考模型中的系统，只是在开放实系统中和互联有关的部分，这部分系统称为开放系统。在 OSI 参考模型的制定过程中，所采用的方法是将整个庞大而复杂的问题划分为若干个较容易处理的范围较小的问题。在 OSI 中，问题的处理采用自上而下逐步处理的方法。先从最高一级的抽象开始，这一级的约束很少，然后逐渐更加精细地进行描述，同时加上越来越多的约束。在 OSI 中，采用了三级抽象，这三级抽象分别是体系结构、服务定义和协议规范。

OSI 体系结构也就是 OSI 参考模型，它是 OSI 制定的标准中最高一级的抽象。用比较形式化的语言来讲，体系结构相当于对象或客体的类型，具体的网络则相当于对象的一个实例。OSI 参考模型正是描述了一个开放系统所要用到的对象的类型它们之间的关系以及这些对象类型与这些关系之间的一些普遍约束。比 OSI 参考模型更低一级的抽象是 OSI 服务定义。服务定义较详细地定义了各层所提供的服务，各层所提供的服务与这些服务是怎样实现的无关。此外，各种服务还定义了层与层之间的抽象接口，以及各层为进行层与层之间的交互而用的服务原语，但这并不涉及这个接口是怎样实现的。OSI 参考模型中最底层的抽象是 OSI 协议规范，各层协议规范精确的定义：应当发送什么样的控制信息，以及应当用什么样的过程来解释这个控制信息。协议规范具有最严格的约束。

1.3.4　TCP/IP 协议简介

传输控制协议/因特网互联协议（transmission control protocol/internet protocol，TCP/IP），是 Internet 最基本的协议、Internet 国际互联网络的基础。TCP/IP 定义了电子设备如何连入因特网，以及数据如何在它们之间传输的标准。协议采用四层层级结构，每一层都利用它的下一层所提供的协议来完成自己的需求。

在世界各地，各种各样的计算机运行着不同的操作系统，这些计算机在表达同一种信息的时候所使用的方法是各不相同的。计算机用户意识到，单一使用计算机并不会发挥太大的作用，只有把它们联合起来，计算机才会发挥出最大的潜力。于是，人们就想方设法地用电线把计算机连接到一起。但这样做远远不够，还需要定义一些共通的东西来进行交流，于是 TCP/IP 应运而生。TCP/IP 不是一个协议，而是一个协议族的统称，包括 IP 协议、ICMP 协议、TCP 协议，以及人们熟悉的 HTTP，FTP，POP3 协议等。

与 ISO/OSI 七层协议经典架构略有不同，TCP/IP 协议族按照层次由上到下，层层包装。最上层是应用层；第二层是传输层，TCP 和 UDP 协议就在这个层次；第三层是网络层，IP 协议在这个层次，它负责对数据加上 IP 地址；第四层是数据链路层，这个层次为待传送的数据加入一个以太网协议头，并进行 CRC 编码，为最后的数据传输做准备；第五层是硬件层，负责网络的传输，这个层次定义了包括网线的制式、网卡的定义等，有些书并不把这个层次放在 TCP/IP 协议族里面，因为它几乎和 TCP/IP 协议的编写者没有任何关系。发送协议的主机从上自下将数据按照协议封装，接收数据的主机按照协议将得到的数据包解开，得到需要的数据。为了更好地掌握协议，我们要先学习一些基本知识。

网络上每一个节点都必须有一个独立的 Internet 地址，这个地址就是 IP 地址。目前通常使用的 IP 地址是一个 32 bit 的数字，也就是 IPv4 标准。这个 32 bit 的数字分成四组，也就是常见的×××.×××.×××.×××样式。

TCP/IP 数据链路层有三个目的：为 IP 模块发送和接收 IP 数据报，为地址解析协议（ARP）模块发送 ARP 请求和接收 ARP 应答，为反向地址转换协议（RARP）发送 RARP 请求和接收 RARP 应答。IP 协议是 TCP/IP 协议的核心，IP 不是可靠的协议。现在的 IP 版本号是 4，也称作 IPv4。当一个 IP 数据包准备好了的时候，IP 数据包是如何将数据包送到目的地的呢？它怎么选择一个合适的路径呢？一种特殊的情况是目的主机和主机直连，这时主机根本不用寻找路由，靠 ARP 协议直接把数据传递过去就行了。一般情况下，主机通过若干个路由器与目的主机连接，路由器通过 IP 包的信息来为 IP 包寻找一个合适的目标进行传递，如果 IP 数据包的 TTL（生命周期）已到，那么该 IP 数据包就会被抛弃。

ARP 是一种解析协议，当主机要发送一个 IP 包的时候，首先会查一下自己的 ARP 高速缓存。如果查询的 IP-MAC 值对不存在，那么主机就会向网络发送一个 ARP 协议广播包，这个广播包里面有待查询的 IP 地址，而收到这个广播包的所有主机都会查询自己的 IP 地址。如果某一主机发现自己符合条件，就会准备好一个包含自己 MAC 地址的 ARP 包传送给发送 ARP 广播的主机，广播主机收到 ARP 包后会更新自己的 ARP 缓存，并用新的 ARP 缓存数据进行数据链路层数据包的发送。

IP 协议并不是一个可靠的协议，不能保证数据被准确地送达，保证数据送达的工作就由其他模块来完成，其中一个非常重要的模块就是网络控制报文协议（ICMP）。当传送 IP 数据包发生错误（比如主机不可达或路由不可达等）时，ICMP 会把错误信息封包传送给主机，给主机一个处理错误的机会，这也就是建立在 IP 层以上的协议是可能做到准确传送数据的原因。ICMP 数据包由 8 bit 的错误类型和 8 bit 的代码及 16 bit 的校验和组成。尽管在大多数情况下，错误的包传送应该给出 ICMP 报文，但是在特殊情况下（ICMP 差错、目的地址是广播地址或多播地址的 IP 数据报、源地址为零地址或环回地址）是不产生 ICMP 错误报文的，这是为了防止产生 ICMP 报文的无限传播。ICMP 协议大致分为两类：一种是查询报文，另一种是差错报文。

UDP 是传输层协议，同 TCP 协议处于同一个分层中。但与 TCP 协议不同，UDP 协议并不提供超时重传、出错重传等功能，它是不可靠的协议。由于很多软件需要用到 UDP 协议，所以 UDP 协议必须通过某个标志来区分不同程序所需要的数据包，UDP 端口号的功能就在于此。例如，某一个 UDP 程序 A 在系统中注册了 7000 端口，那么，以后从外面传进来的目的端口号为 7000 的 UDP 包都会交给该程序，端口号的长度是 16 bit。UDP 可以有 65535 字节那么长，但网络在传送的时候，一般一次传送不了那么长的协议，只好对数据分片。IP 在从上层接到数据以后，要根据 IP 地址来判断从哪个接口发送数据，并进行最大传输单元（MTU）查询。如果数据大小超过 MTU 就进行数据分片。数据分片对上层和下层透明，数据到达目的地还会被重新组装，IP 层提供了足够的信息进行数据的再组装。因为分片技术在网络上被经常使用，所以伪造 IP 分片包进行流氓攻击的软件和人也就层出不穷。

TCP 和 UDP 最大的差异在于 TCP 提供了一种可靠的数据传输服务，TCP 是面向连接的。UDP 是把数据直接发出去，而不管对方能否准确接收，就算无法送达，也不会产生 ICMP 差错报文。TCP 传输数据时，应用数据被分割成 TCP 认为最适合发送的数据块。当 TCP 发出一个段后，它启动一个定时器，等待目的端确认收到这个报文段。如果不能及时收到一个确认，将重发这个报文段。当 TCP 收到发自 TCP 连接另一端的数据时，它将发送一个确认，这个确认不是立即发送，通常将推迟几分之一秒。TCP 将保持它首部和数据的检验和，这是一个端到端的检验和，目的是检测数据在传输过程中的变化。如果收到段的检验和有差错，那么将丢弃这个报文段或不确认收到此报文段。TCP 还能提供流量控制，TCP 连接的每一方都有固定大小的缓冲空间，TCP 接收端只允许另一端发送接收端缓冲区所能接纳的数据，这将防止较快主机致使较慢主机的缓冲区溢出。

通过网络访问一台计算机要靠 IP 地址和 MAC 地址。其中，MAC 地址可以通过 ARP 得到，所以这对用户是透明的；但是 IP 地址不行，无论如何用户都需要用一个指定的 IP 地址来访问一台计算机，而 IP 地址又非常不好记，这就出现了域名系统（Domain Name System，DNS），它负责把域名翻译成 IP 地址。DNS 系统是一个分布式数据库，当一个数据库发现自己并没有某个查询所需数据的时候，就把查询转发出去，转发的目的地是根服务器，根服务器从上至下层层转发查询，直到找到目标为止。

1.4　网络工程实施步骤

网络设计方案的落地应用就是网络工程实施，网络工程实施是在网络工程设计的基础上进行设备的购买、安装、调试和系统切换等工作。

1.4.1　选择网络工程系统集成商

网络工程系统集成商是指具备网络工程系统集成资质，能对行业用户实施网络工程系统集成的企业。网络工程系统集成商要求具备工信部、住建部、公安部相关资质和重要厂商的技术工程师证书。对于大型网络工程项目的系统集成，通过招标方式选择总承包商，由总承包商进行子系统的分包。小型网络工程项目的系统集成通过方案建议书评议、产品选型简单流程进行。以系统的高度为客户网络工程需求提供应用的系统模式，以及实现该系统模式的具体技术解决方案和运作方案，即为用户提供一个全面的网络工程系统解决方案，要对网络工程项目销售、售前、工程、售后服务过程有统一进程和质量的管理。

网络工程系统集成商不是一个小公司或几个人就能做的，它需要拥有一批多个专业的技术人员，而且要有一定的工程经验和经济实力。从技术角度看，计算机技术、应用系统开发技术、网络技术、控制技术、通信技术、建筑装修技术，综合运用在一个网络工程中是技术发展的一种必然趋势。网络工程系统集成商要根据用户提出的要求，为用户做一个完整的网络工程解决方案，不仅要在技术上实现用户的要求，还要对用户投资的实用性和有效性进行有效的分析，对用户的技术支持、培训有所保障。另外，应具有技术规范化、工程管理科学化等多方面知识。网络工程系统集成商具备所服务客户行业的专业知识、专业技能以及丰富的网络工程集成经验是极为必要的。目前，国内网络工程系统集成市场上，除了大型的、复杂的网络工程之外，也存在搭积木项目。但网络工程系统集成是一个综合性工程，不仅涉及技术和设备问题，还涉及方方面面的关系问题，在这样一个市场背景之下，给新人留下了巨大的活动、发展空间。网络工程系统集成行业的市场容量巨大、类型较多、涉及的行业非常多，与硬件产品一样有着低、中、高档之分。一般来说，网络工程系统集成的利润包括硬件、软件和集成三部分，其中硬件价格的透明度高，利润较低，软件和集成利润占整个项目利润的绝大部分。一般来讲，一个网络工程系统集成项目在签约后，系统集成商的投资额度为 50%~80%，而且工程周期长，在这个过程中要花费大量的人力、物力，尤其是在夺标过程中花费了大量的物力、人力，若不中标，则付之东流，这就要求网络工程系统集成商具有相当的经济实力。

1.4.2　网络工程设计

　　网络工程需求分析完成后，应形成网络工程需求分析报告书，与用户交流、修改，并通过用户方组织的评审。网络工程设计方要根据评审意见，形成可操作和可行性的阶段网络工程需求分析报告。有了网络工程需求分析报告，网络系统方案设计阶段就会"水到渠成"。网络工程设计阶段包括确定网络工程目标和设计原则、通信平台规划与设计、资源平台规划与设计、网络通信设备选型、网络服务器与操作系统选型、综合布线网络选型和网络安全设计等内容。

1.4.2.1　网络工程目标和设计原则

　　一般情况下，对网络工程目标要进行总体规划，分步实施。在制定网络工程总目标时，应确定采用的网络技术、工程标准、网络规模、网络系统功能结构、网络应用目的和范围。然后，对总体目标进行分解，明确各分期工程的具体目标、网络建设内容、所需工程费用、时间和进度计划等。应根据工程的种类和目标大小，先对网络工程有一个整体规划，再确定总体目标，并对目标采用分步实施的策略。一般分为三步：第一步，建设计算机网络环境平台；第二步，扩大计算机网络环境平台；第三步，进行高层次网络建设。

　　网络信息工程建设目标关系到现在和今后几年内用户方网络信息化水平和网络应用系统的成败，所以在工程设计前要对主要设计原则进行选择和平衡，并确定其在方案设计中的优先级。

　　计算机与外设、服务器和网络通信等设备的技术性能逐步提升的同时，价格却在逐年下降，不可能也没必要实现"一步到位"。所以，在网络方案设计中应采用成熟可靠的技术和设备，充分体现"够用、好用、实用"的设计原则，切不可用今天的钱，买明天、后天才用得上的设备。一定要坚持"够用、好用、实用"的设计原则。

网络系统应采用开放的标准和技术，资源系统建设要采用国家标准，有些还要遵循国际标准。这样做的目的包括两个方面：第一，有利于网络工程系统的后期扩充；第二，有利于与外部网络互联互通，切不可"闭门造车"形成信息化孤岛，要在设计过程中始终坚持开放性的原则。

无论是企业单位还是事业单位，无论网络规模大小，网络系统可靠性是一个工程的生命线。一个网络系统中的关键设备和应用系统偶尔出现死锁，对于政府、教育部门、企业以及税务、证券、金融、铁路、民航等行业将是灾难性的事故。因此，应确保网络系统很高的平均无故障时间和尽可能低的平均无故障率。所以在网络工程的设计过程中坚持可靠性原则至关重要。

网络的安全主要是指网络系统防病毒、防破坏系统，数据可用性、一致性、高效性、可信赖性及可靠性等安全问题。为了网络系统安全，在方案设计时，应考虑用户方在网络安全方面可投入的资金，建议用户方选用网络防火墙、网络杀毒系统等网络安全设施；网络信息中心对外的服务器要与对内的服务器隔离，把安全性原则放在重要地位。

网络系统应采用国际先进、主流、成熟的技术。局域网可采用千兆以太网和全交换以太网技术，视网络规模的大小选用多层交换技术，支持多层干道传输、生成树等协议，在设计过程中坚持先进性原则。

网络系统的硬件设备和软件程序应易于安装、管理和维护。各种主要网络设备，如核心交换机、汇聚交换机、接入交换机、服务器、大功率长延时 UPS 等设备均要支持流行的网管系统，以方便用户管理、配置网络系统。

网络总体设计不仅要考虑近期目标，也要为网络的进一步发展留有扩展的余地，因此要选用主流产品和技术。若有可能，最好选用同一品牌的产品或兼容性好的产品。在一个系统中切不可选用技术和性能不兼容的产品。比如，对于多层交换网络，若要选用两种品牌交换机，一定要注意它们的 VLAN 干道传输、生成树等协议是否兼容，是否可以无缝连接。这些问题解决了，网络可扩展自然是水到渠成。

1.4.2.2 网络通信平台设计

网络通信平台设计首先要进行网络的拓扑结构设计。网络拓扑结构是指园区网络的物理拓扑结构，因为如今的局域网技术首选的是交换以太网技术。采用以太网交换机，从物理连接看拓扑结构可以是星形、扩展星形或树形等结构，从逻辑连接看拓扑结构只能是总线结构。对于大中型网络考虑链路传输的可靠性，可采用冗余结构。确立网络的物理拓扑结构是整个网络方案规划的基础，物理拓扑结构的选择往往与地理环境分布、传输介质与距离、网络传输可靠性等因素紧密相关。选择拓扑结构时，应该考虑的主要因素有以下几点。

第一，地理环境。不同的地理环境需要设计不同的物理网络拓扑，不同的网络物理拓扑设计施工安装工程的费用也不同。一般情况下，网络物理拓扑最好选用星形结构，以便于网络通信设备的管理和维护。

第二，传输介质与距离。设计网络时，考虑传输介质、距离的远近和可用于网络通信平台的经费投入，网络拓扑结构必须在传输介质、通信距离、可投入经费等三者之间达到平衡。建筑物之间互联应采用多模或单模光缆。如果两建筑物间距小于 90 米，也可以用超五类屏蔽双绞线，但要考虑屏蔽双绞线两端接地问题。

第三，可靠性。网络设备损坏、光缆被挖断、连接器松动等故障是有可能发生的，网络拓扑结构设计应避免因个别节点损坏而影响整个网络的正常运行。若经费允许，网络拓扑结构的核心层和汇聚层最好采用全冗余连接。

网络拓扑结构的规划设计与网络规模息息相关。一个规模较小的星形局域网没有汇聚层与接入层之分。规模较大的网络通常为多星形分层拓扑结构。主干网络称为核心层，用以连接服务器、建筑群到网络中心，或在一个较大型建筑物内连接多个交换机配线间到网络中心设备间。连接信息点的"毛细血管"线路及网络设备称为接入层，根据需要在中间设置汇聚层。分层设计有助于分配和规划带宽，有利于信息流量的局部化。如果全局网络对某个部门的信息访问需求很少（如财务部门的信息，只能在本部门内授权访问），那么部门业务服务器可放在汇聚层，这样局部信息流量传输不会波及整个网络。

主干网技术的选择，要根据以上需求分析中用户方网络规模大小、网上传输信息的种类和用户方可投入资金量等因素来考虑。一般而言，主干网用来连接建筑群和服务器群，可能会容纳网络上 50%～80% 的信息流，是网络大动脉。连接建筑群的主干网一般以光缆做传输介质，典型的主干网技术主要有 100 Mb/s 以太网、1000 Mb/s 以太网、ATM 等。从易用性、先进性和可扩展性的角度考虑，采用百兆、千兆以太网是目前局域网构建的流行做法。

汇聚层的存在与否取决于网络规模的大小。当建筑物内信息点较多（超出一台交换机的端口密度），不得不增加交换机扩充端口时，就需要有汇聚交换机。交换机间如果采用级联方式，则将一组固定端口交换机上联到一台背板带宽和性能较好的汇聚交换机上，再由汇聚交换机上联到主干网的核心交换机。如果采用多台交换机堆叠方式扩充端口密度，其中一台交换机上联，那么网络中就只有接入层。

接入层即直接信息点，通过此信息点将网络资源设备（PC 等）接入网络。汇聚层采用级联还是堆叠，要看网络信息点的分布情况。如果信息点分布均在距交换机为中心的 50 米半径内，且信息点数已超过一台或两台交换机的容量，那么应采用交换机堆叠结构。堆叠能够有充足的带宽保证，适宜汇聚（楼宇内）信息点密集的情况。交换机级联适用于楼宇内信息点分散，其配线间不能覆盖全楼的信息点，增加汇聚层的同时也会使工程成本提高。

汇聚层、接入层一般采用 100 Base-Tx 快速变换式以太网，采用 10/100 Mb/s 自适应交换到桌面，传输介质是超五类或五类双绞线。Cisco Catalyst 3500/4000 系列交换机就是专门针对中等密度汇聚层而设计的。接入层交换机可选择的产品很多，根据应用需求，可选择支持 1~2 个端口光模块，支持堆叠的接入层交换机。

由于布线系统费用和实现上的限制，对于零散的远程用户接入，利用 PSTN 电话网络进行远程拨号访问几乎是唯一经济、方便的选择。远程拨号访问需要设计远程访问服务器和 Modem 设备，并申请一组中继线。由于拨号访问是整个网络中唯一的窄带设备，这一部分在未来的网络中可能会逐步减少使用。远程访问服务器（RAS）和 Modem 组的端口数目一一对应，一般按一个端口支持 20 个用户计算来配置。

广域网连接是指园区网络对外的连接通道，一般采用路由器连接外部网络。根据网络规模的大小、网络用户的数量，来选择对外连接通道的带宽。如果网络用户没有 WWW，E-mail 等具有 Internet 功能的服务器，可以采用 ISDN 或 ADSL 等技术连接外网。如果用户有 WWW，E-mail 等具有 Internet 功能的服务器，可采用 DDN（或 E1）专线连接、ATM 交换及永久虚电路连接外网。其连接带宽可根据内外信息流的大小选择，比如上网并发用户数为 150~250，可以租用 2 Mb/s 线路，通过同步口连接 Internet。如果用户与网络接入运营商在同一个城市，也可以采用光纤 10 Mb/s、100 Mb/s 的速率连接 Internet。外部线路租用费用一般与带宽成正比，速度越快费用越高。网络工程设计方和用户必须清楚的一点就是，能给用户方提供多大的连接外网的带宽受两个因素的制约，一是用户方租用外连线路的速率，二是用户方共享运营商连接 Internet 的速率。

无线网络的出现就是为了解决有线网络无法克服的困难。无线网络首先适用于很难布线的地方（比如受保护的建筑物、机场等），或者经常需要变动布线结构的地方（如展览馆等）。学校也是一个很重要的应用领域，一个无线网络系统可以使教师、学生在校园内的任何地方接入网络。另外，因为无线网络支持十几千米的区域，因此对于城市范围的网络接入也能适用，一个采用无线网络的 ISP 可以为一个城市的任何角落提供高达 10 Mb/s 的互联网接入。

网络通信设备尽可能选取同一厂家的产品，以便用户从网络通信设备的性能参数、技术支持、价格等各方面获得更多的便利。从品牌选择唯一性这个角度来看，产品线齐全、技术认证队伍力量雄厚、产品市场占有率高的厂商是网络设备品牌的首选。当前，国际品牌首选的是 Cisco，3COM 等。若从价格因素考虑，可以选国内品牌，比如实达、华为、神州数码等产品。在网络的层次结构中，主干设备选择应预留一定的能力，以便将来扩展。低端设备则够用即可，因为低端设备更新较快。根据网络实际带宽性能需求、端口类型和端口密度选型。如果是旧网改造项目，应尽可能保留可用设备，减少在资金投入方面的浪费。网络系统设备应具有较高的可靠性和性价比，工程费用的投入产出应达到最大值，能以较低的成本为用户节约资金。

核心网络骨干交换机是宽带网的核心，应具备高性能、高速率。二层交换最好能达到线速交换，即交换机背板带宽大于所有端口带宽的总和。如果网络规模较大（联网机器的数量超过 250 台）或联网机器台数较少但为安全考虑需要划分虚网，这两种情况均需要配置 VLAN，那么要求必须有较出色的第三层（路由）交换能力。另外，250 个信息点以上的网络适宜采用模块化（插槽式机箱）交换机，如 Cisco Catalyst 4003。500 个左右的信息点网络，交换机还必须能够支持高密度端口和大吞吐量扩展卡，如 Cisco Catalyst 4006。250 个信息点及以下的网络，为降低成本，应选择具有可堆叠能力的固定配置交换机作为核心交换机，如 Cisco 3500/2900 系列等。另外，若经费允许还可选择冗余设计的设备，如冗余电源、风扇等，要求设备扩展卡支持热插拔，易于更换维护。因此，要有强大的网络控制能力，提供 QoS 和网络安全，支持 RADIUS 等认证机制；有良好的可管理性，支持通用网管协议，如 SNMP，RMON，RMON2 等。

汇聚层/接入层交换机也称二级交换机或边缘交换机，一般属于可堆叠/扩充式固定端口交换机。在大中型网络中它用来构成多层次的、结构灵活的用户接入网络。在中小型网络中它也可能用来构成网络骨干交换设备。它应具备以下特点。

（1）灵活性。提供多种固定端口数量，可堆叠、易扩展。

（2）高性能。作为大中型网络的二级交换设备，支持千兆/百兆高速上联以及同级设备堆叠。当然还要注意与核心交换机品牌的一致性。如果用作小型网络的中心交换机，要求具有较高背板带宽和三层交换能力的交换机，如 Cisco Catalyst 2948G-L3 和 Inter Express 550T Routing Switch 等。

（3）在满足技术性能要求的基础上，最好价格便宜、使用方便、即插即用、配置简单。

（4）具备一定的网络服务质量和控制能力以及端到端的 QoS。

（5）如果用于跨地区企业分支部门通过公网进行远程上联的交换机，还应支持虚拟专网标准协议。

（6）支持多级别网络管理。

1.4.2.3　网络资源平台设计

服务器系统是网络的灵魂，也是网络应用的平台。服务器在网络中摆放位置的好坏直接影响网络应用的效果和网络运行效率。服务器一般分为两类：一类是为全网提供公共信息服务、文件服务和通信服务，为园区网络提供集中统一的数据库服务，由网络中心管理维护，服务对象为网络全局，适宜放在网管中心。另一类是部门业务和网络服务相结合，主要由部门管理维护，如大学的图书馆服务器和企业的财务部服务器，适宜放在部门子网中。服务器是网络中信息流较集中的设备，其磁盘系统数据吞吐量大，传输速率也高，要求高带宽接入。服务器网络接口主要有以下几种。

（1）千兆以太网端口接入。服务器需要配置多模 SX 模块接入交换机的多模光端口中。优点是性能好、数据吞吐量大；缺点是成本高，对服务器硬件有要求。适合企业级数据库服务器、流媒体服务器和较密集的应用服务器。

（2）双网卡冗余接入。采用两块以上的 100 Mb/s 服务器专用高速以太网卡分别接入网络的两台交换机中。通过网络管理系统的支持实现负载均衡，当其中一块网卡失效后不影响服务器正常运行。这种方案比较流行。

（3）单网卡接入。采用一块服务器专用网卡接入网络，是一种经济的接入方式。信息流密集时可能会因主机 CPU 占用（主要是缓存处理占用）而使服务器性能下降。适宜数据业务量不是太大的服务器（如 E-mail 服务器）使用。

服务器子网连接有两种方案。一种是服务器直接连接核心层交换机。优点是直接利用核心层交换机的高带宽；缺点是需要占用太多的核心层交换机端口，使成本上升。另一种是在两台核心层交换机上连接一台专用服务器子网交换机。优点是可以分担带宽，减少核心层交换机端口占用，可为服务器组提供充足的端口密度；缺点是容易形成带宽瓶颈，且存在单点故障。

在网络方案设计中，服务器的选择配置以及服务器群均衡技术是非常关键的技术之一，也是衡量网络系统集成商水平的重要指标。很多系统集成商的方案偏重的是网络设备集成而不是应用集成，在应用问题上缺乏高度认识和认真细致的需求分析，待昂贵的服务器设备采购进来后发现与应用软件不配套或不够用而造成资源浪费，必然会使预算超支，直接导致网络方案失败。选择服务器首先要看其具体的网络应用，应用系统所采用的开发工具和运行环境建立在应用平台的基础上。基础应用平台与网络操作系统关系紧密，其支持是有选择的（如 SQL Server 数据库不支持 Tru64 UNIX 操作系统等），有时基础应用平台也是网络操作系统的组成部分（如 IIS Web 服务平台就是 Windows 2000 Server 和 Windows 2000 Advanced Server 的一部分）。众所周知，不同的服务器硬件支持的操作系统大相径庭，因此，选择服务器硬件也就是使网络操作系统确定下来。目前，网络操作系统产品较多，为网络应用提供了很好的可选择性。操作系统对网络建设的成败至关重要，要依据具体的应用选择操作系统。一般情况下，网络系统集成方在网络工程项目中要完成基础应用平台以下三层（网络层、数据链路层、物理层）的建构。选择什么操作系统，也要依据网络系统集成方的工程师以及用户方系统管理员的技术水平和对网络操作系统的使用经验而定。如果在工程实施中选择一些大家都比较生疏的服务器和操作系统，有可能会使工期延长、不可预见性费用加大，可能还要请外援做系统培训，维护的难度和费用也要增加。网络操作系统分为两个大类，即面向 IA 架构 PC 服务器的操作系统家族和 UNIX 操作系统家族。UNIX 服务器品质较高、价格昂贵、装机量少而且可选择性也不高，一般根据应用系统平台的实际需求，估计好费用，瞄准某一两家产品去准备即可。与 UNIX 服务器相比，Windows 服务器品牌和产品型号很多，一般在中小型网络中普遍采用。同一个网络系统中不需要采用同一种网络操作系统，选择中可结合 Windows，Linux 和 UNIX 的特点，在网络中混合使用。通常 WWW、OA 及管理信息系统服务器上可采用 Windows 平台，E-mail，DNS，Proxy 等 Internet 应用可使用 Linux/UNIX，这样，既可以享受到 Windows 应用丰富、界面直观、使用方便的优点，又可以享受到 Linux/UNIX 稳定、高效的好处。

所谓 PC 服务器、UNIX 服务器、小型机服务器，其概念主要限于物理服务器（硬件）范畴。在网络资源存储、应用系统集成中，通常将服务器硬件上安装各类应用系统的服务器系统冠以相应的应用系统的名字，如数据库服务器、Web 服务器、E-mail 服务器等，其概念属于逻辑服务器（软件）范畴。根据网络规模、用户数量和应用密度的需要，有时一台服务器硬件专门运行一种服务，有时一台服务器硬件需安装两种以上的服务程序，有时两台以上的服务器需安装和运行同一种服务系统。也就是说，服务器与其在网络中的职能并不是一一对应的。网络规模小到只用一至两台服务器的局域网，大到可达十几至数十台的企业网和校园网。如何根据应用需求、费用承受能力、服务器性能和不同服务程序之间对硬件占用特点、合理搭配和规划服务器配置，在最大限度地提高效率和性能的基础上降低成本，是系统集成方要考虑的问题。有关服务器应用配置与均衡的建议如下。

第一，中小型网络服务器应用配置。

由于中小型网络资金相对紧张，缺乏专业的技术人员，所以要求服务器群必须易于维护、功能齐全，而且还必须考虑资金的限制。建议在费用许可的情况下，尽可能提高硬件配置，利用硬件资源共享的特点，均衡网络应用负载，把网络中所需的所有服务集成到 2 至 3 台物理服务器上。比如，把对磁盘系统要求不高、对内存和 CPU 要求较高的 DNS、Web，以及对磁盘系统和 I/O 吞吐量要求高、对缓存和 CPU 要求较低的文件服务器（含 FTP），安装在一台配置中等的部门级服务器内，把对硬件整体性能要求较高的数据库服务和 E-mail 服务安装在一台配置较高的高档部门级服务器上。当然，Web 服务器对系统 I/O 的需求也较高。当用户方访问数量增加时，系统的实时响应和 I/O 处理需求也会急剧增加，但 FTP 访问偶发性强，Web 访问密度比较均匀，二者正好可以互补。另外，如果采用 Linux 操作系统，利用其资源占用低、Internet 服务程序丰富的特点，可将所有 Internet 服务集中到一台服务器上，另外再配置一台应用服务器，网络效率可能会成倍提高。

第二，中型网络服务器应用配置。

中型网络注重实际应用，可将应用分布在更多的物理服务器上。宜采用功能相关性配置方案，将相关应用集成在一起。比如，远程网络应用主要是 Web 平台，Web 服务器需要频繁地与数据库服务器交换信息，把 Web 服务和数据库服务安装在一台高档服务器内，毫无疑问会提高效率，减轻网络 I/O 负担。对于企业网络，可能需要一些工作流应用系统（如 OA 系统的公文审批流转、文件下发等），需要依赖 E-mail 服务时，就可以采用群件服务器（如 Lotus Notes/DoMino），把 E-mail 和 News 服务集成进去。对于像 VOD 这样的流媒体专用服务器，必须要单列，并发用户多时还要采用服务器集群技术。

第三，大中型网络或 ISP/ICP 的服务器群配置。

大中型网络应用场合要求系统安全可靠、稳定高效。大型企业网站和 ISP 供应商需要向用户提供多种服务，建设先进的电子商务系统，甚至需要向用户提供免费 E-mail 服务、免费软件下载、免费主页空间等。所以要求网站服务器必须能够满足全方面的需求，功能完备，具有高度的可用性和可扩展性，保证系统连续稳定地运行。如果服务器数量过多，那么会为管理和运行带来沉重负担，导致环境恶劣（仅机房噪声就令人无法忍受）。为此，建议采用机架式服务器。Web，E-mail，FTP 和防火墙等应用均采用负载均衡集群系统，以提高系统的 I/O 能力和可用性。数据库及应用服务器系统采用双机容错高可用性（HA）系统，以提高系统的可用性。专业的数据库系统为用户方提供了强大的数据底层支持，专业 E-mail 系统可提供大规模邮件服务，防火墙系统可以保证用户方网络和数据的安全。

1.4.2.4　网络安全设计

网络安全设计的重点在于根据安全设计的基本原则，制定网络各层次的安全策略和措施，确定选用什么样的网络安全系统产品。

尽管没有绝对安全的网络，但是，如果在网络方案设计之初就遵从一些安全原则，那么网络系统的安全就会有保障。设计时如不全面考虑，消极地将安全和保密措施寄托在网管阶段，这种事后"打补丁"的思路是相当危险的。从工程技术角度出发，在设计网络方案时，应该遵守以下原则。

（1）网络安全前期防范。

强调对信息系统全面地进行安全保护。大家都知道"木桶的最大容积取决于最短的一块木板"，此道理对网络安全来说也是有效的。网络信息系统是一个复杂的计算机系统，它本身在物理上、操作上和管理上的种种漏洞构成了系统的安全脆弱性，尤其是多用户网络系统自身的复杂性、资源共享性，使单纯的技术保护防不胜防。充分、全面、完整地对系统的安全漏洞和安全威胁进行分析、评估和检测是设计网络安全系统的必要前提条件。

（2）网络安全在线保护。

强调安全防护、监测和应急恢复。要求在网络被破坏的情况下，必须尽快地恢复网络信息系统的服务，减少损失。所以，网络安全系统应该包括三种机制：安全防护机制、安全监测机制、安全恢复机制。安全防护机制是根据具体系统存在的各种安全漏洞和安全威胁采取的相应防护措施；安全监测机制是监测系统的运行，及时发现和制止对系统进行的各种破坏；安全恢复机制是在安全防护机制失效的情况下，进行应急处理和及时地恢复信息，降低破坏程度。

（3）网络安全有效性与实用性。

网络安全应以不影响系统的正常运行和合法用户方的操作活动为前提。网络中的信息安全和信息应用是一对矛盾。一方面，为健全和弥补系统缺陷的漏洞，用户方会采取多种技术手段和管理措施；另一方面，势必给系统的运行和用户方的使用增加负担，"越安全就意味着使用越不方便"，尤其是在网络环境下，实时性要求很高的业务不能容忍安全连接和安全处理造成的时延。

（4）网络安全等级划分与管理。

良好的网络安全系统必然是分为不同级别的，包括对信息保密程度分级（绝密、机密、秘密、普密）、对用户操作权限分级（面向个人及面向群组）、对网络安全程度分级（安全子网和安全区域）、对系统结构层分级（应用层、网络层、链路层等）的安全策略。针对不同级别的安全对象，提供全面的、可选的安全算法和安全体制，以满足网络中不同层次的各种实际需求。网络总体设计时要考虑安全系统的设计，避免因考虑不周出了问题之后"拆东墙补西墙"，避免造成经济上的巨大损失，避免对国家、集体和个人造成无法挽回的损失。由于安全与保密是一个相当复杂的问题，因此必须注重网络安全管理。要安全策略到设备、安全责任到人、安全机制贯穿整个网络系统，这样才能保证网络的安全性。

（5）网络安全经济实用。

网络系统的设计是受经费限制的。因此，在考虑安全问题解决方案时必须考虑性能与价格的平衡，而且不同的网络系统所要求的安全侧重点各不相同。一般园区网络要具有身份认证、网络行为审计、网络容错、防病毒等功能。网络安全产品实用、好用、够用即可。网络安全产品主要包括防火墙、用户身份认证、网络防病毒系统等。安全产品的选型工作要严格按照企业（学校）信息与网络系统安全产品的功能规范要求，利用综合的技术手段，对产品功能、性能与可用性等方面进行测试，为企业、学校选出符合功能要求的安全产品。

1.4.3　网络工程实施

网络工程实施主要包括工程实施计划、网络设备到货验收、设备安装、系统测试、系统试运行、用户培训、系统转换等步骤。

（1）工程实施计划。在网络设备安装前，需要编制工程实施计划，列出需实施的项目的费用和负责人等，以便控制投资，按进度要求完成实施任务。工程实施计划必须包括网络实施阶段的设备验收、人员培训、系统测试和网络运行维护等具体事务的处理，必须控制和处理所有可预知的事件，并调动有关人员的积极性。

（2）网络设备到货验收。系统中要用到的网络设备到货后，在安装调试前，必须先进行严格的功能和性能测试，以保证购买的产品能很好地满足用户需要。在到货验收的过程中，要做好记录，包括对规格、数量和质量进行核实，以及检查合格证、出厂证、供应商保证书和各种证明文件是否齐全。必要时利用测试工具进行评估和测试,评估设备能否满足网络建设的需求。如果发现短缺或破损,应要求设备提供商补发或免费更换。

(3) 设备安装。网络系统的安装和调试需要由专门的技术人员负责。安装项目一般分为综合布线系统、机房工程、网络设备、服务器、系统软件和应用软件等几个部分,不同的部分应分别由专门的工程师进行安装和调试。在这些安装项目中,尤其要注意综合布线系统的质量,因为综合布线一般会涉及隐蔽工程,一旦覆盖后发生故障,查找错误源和恢复故障的代价比较高。

(4) 系统测试。系统安装完毕,就要进行系统测试。系统测试是保证网络安全可靠运行的基础。网络测试包括网络设备测试、网络系统测试和网络应用测试三个层次:网络设备测试主要是针对交换机、路由器、防火墙和线缆等传输介质和设备的测试;网络系统测试主要是针对系统的连通性、链路传输率、吞吐率、传输时延和丢包率、链路利用率、错误率、广播帧和组播帧及冲突率等方面的测试;网络应用测试主要是对多用户并发访问性能、应用系统响应时间、应用系统对网络资源的占用情况、与网络相关的应用功能特性、应用系统在网络环境下的稳定性进行测试。

(5) 系统试运行。系统调试完毕后,即进入试运行阶段。这一阶段是验证系统在功能和性能上是否达到预期目标的重要阶段,也是对系统进行不断调整,直至达到用户要求的重要时刻。

(6) 用户培训。一个规模庞大、结构复杂的网络系统往往需要网络管理员来维护,并协调网络资源的使用。对有关人员的培训是网络建设的重要一环,也是保证系统正常运行的重要因素之一。

(7) 系统转换。经过一段时间的试运行,系统达到稳定、可靠的水平,就可以进行系统转换工作。系统转换可以采用三种方法,分别是直接转换、并行转换和分段转换,这三种方法的可靠性和成本各不相同,应视具体情况而定。

1.5 网络设备简介

熟练掌握常用网络设备的性能对于网络工程设计至关重要。下面就按网络分层介绍各层的常用网络设备。

1.5.1 物理层设备

1.5.1.1 网络适配器(网卡)

网络适配器也称网卡,网卡的基本功能是提供网络中计算机主机与网络电缆系统(通信传输系统)之间的接口,实现主机系统总线信号与网络环境的匹配和通信连接,接收主机传来的各种控制命令，并且加以解释执行。现在的网卡都支持全双工模式，也称双向同时传输。网卡插在每台工作站和服务器主机板的扩展槽里。工作站通过网卡向服务器发出请求，当服务器向工作站传送文件时，工作站也通过网卡接收响应。

根据数据位宽度的不同，网卡分为 8 位、16 位、32 位和 64 位。网卡主要是以适应何种主机总线类型来分类的。当前，各种计算机提供的总线类型主要有工业总线 ISA、扩展工业总线 EIAS、外围控制器接口总线 PCI、微通道总线 MCA 等。按照数据传输速率，网卡可分为 10 Mb/s、100 Mb/s、10/100 Mb/s 自适应网卡，以及 1 Gb/s 网卡。根据不同的局域网协议，网卡又分为 Ethernet 网卡、Token Ring 网卡、ARCNET 网卡和 FDDI 网卡几种。按照有无物理上的通信线缆分类，可分为有线网卡和无线网卡。连接性主要是根据主机的总线类型选择不同的网卡，其次是网线选择，不同类型、规模、速度的网络可选用不同的网线接口。

1.5.1.2　调制解调器

调制解调器（Modem）也称信号变换设备，还叫作数据电路终端设备（DCE）。按照计算机网络两级子网的划分，它属于通信子网，但是它是用户端的设备。数字信号的调制实际上是用基带信号对载波信号的三个特征参数（即幅度、频率和相位）进行调制，使这些参数随基带脉冲信号的变化而变化。Modem 的调制方式和数据传输率大多数由国际电信联盟（ITU）进行标准化。ITU V.32 标准支持 9.6 kb/s 数据传输率，支持 14.4 kb/s 数据传输率的调制解调器的标准为 V.32 bis，即 V.32 规范的扩展形式。V.32 bis 规范后面是数据传输率为 28.8 kb/s 的 V.34 标准，以及支持 33.6 kb/s 的 V.42 标准。1998 年 ITU-T 制定 56 kb/s 的 V.90 标准。调制解调器提供双向同时通信方式、自动拨号和应答、安全可靠回呼、自动线路质量检测、自动协商速率、自动呼叫监视、呼叫等待和自动重拨、支持常用的文件传输协议、存储电话号码、自动故障诊断、声光指示等。

1.5.1.3　集线器和中继器

集线器实质上为多端口的中继器。在使用时，可以把集线器连接的网络看成一个共享式总线，在集线器的内部，各端口之间相互连在一起。集线器可分为独立式、叠加式、智能模块化，有 8 端口、16 端口、24 端口多种规格的集线器，支持的数据传输率为 10 Mb/s 或 100 Mb/s。

中继器（repeater）用于同种局域网络的互联，是在物理层次上实现互联的网络互连设备，用于扩展网段的距离。电信号强度在电缆中传送时随电缆长度增加而递减，这种现象叫衰减，对长距离传输有影响。中继器常用来将几个网段连接起来，通过中继器将信号放大，在另一个网段上继续传输。中继器可以重发信号，这样可以扩展网段的距离。中继器主要用在同种 LAN 互联中，如 IEEE 802.3 LAN 和以太网。中继器工作在网络体系结构模型的最底层即物理层。由中继器连接起来的各网段必须采用同样的信道访问协议，例如 CSMA/CD 协议。由中继器连接的网段构成一个更大的网段，并且有着相同的网络地址，属于一个冲突域。网段上的每一个节点都有自己的地址。中继器以与它相连的网络同样的速度发送数据。

1.5.2 数据链路层设备

1.5.2.1 网桥

网桥（bridge）是一种在数据链路层实现局域网络互联的存储转发设备。局域网络结构上的差异体现在介质访问协议 MAC 上，因而网桥被广泛用于异种局域网的互联。网桥从一个网段接收完整的数据帧，进行必要的比较和验证，决定是丢弃还是发送给另外一个网段。转发前，网桥可以在数据帧之前增加或删除某一些字段，但不进行路由选择。因此，网桥具有隔离网段的功能，在网络上适当地使用网桥可以起到调整网络负载的作用。

网桥按工作原理分为两类。

（1）透明网桥，也称生成树桥，由各个网桥自己来决定路径选择。透明桥采用逆向学习的方法获得路径信息，每个网桥都有一张路径表，表中记录端口和网络地址的对照信息。

（2）源选路径桥，由源端主机决定帧传输要经过的路径，在初始由源端主机发出传向各个目的站点的查询帧，途经的每个网桥转发该帧，查询帧到达目的站点后，再返回源端。返回时，途经的网桥将它们自己的标识记录在应答帧中，这样可以从不同的返回路径中找到一条最佳的路径。

网桥的问题是：网桥对接收的帧要先存储和查找站表，决定是否转发，增加了时延；网桥在 MAC 子层并没有流量控制功能；网桥连接只能适用通信量不是很大的应用；若同时有大量的向其他网段转发的通信量，容易形成"广播风暴"。

1.5.2.2 交换机

交换机（switch）是一个连接设备，在第二层实现连接。交换机容易与电话公司的程控交换机相混淆，一般称为计算机交换机。用集线器 HUB 连接的网络可以类比日常生活交通中的平面交通，用交换机连接的网络可以类比立体交通。交换机是一个多端口的网桥，每个端口都有桥接功能，能够在任意一对端口间转发帧，每一个端口属于一个冲突域，按照 CSMA/CD 协议工作，交换机中的电路可以把任意端口的网段与别的端口的网段在数据链路层上连接起来。以太网交换机的交换方式分为静态方式和动态方式。静态方式的特点是端口间的通道由人工事先配置，两个端口间的连接类似于硬件连接，端口按固定的连接方式交换帧。动态交换方式又分为存储转发和直通。交换机从应用规模上可以分为企业级交换机、部门级交换机和工作组交换机。从结构上可以分为模块式交换机和固定配置交换机。模块式交换机又称为机箱式交换机，可以根据需要配置不同的模块，模块可以插拔，交换机上有相应的插槽，使用时将模块插入插槽中，所以具有很强的可扩展性。

1.5.3　网络层设备——路由器

路由器是实现异种网络连接的互联设备，工作在网络层。路由器在转发分组时，依据的是网络层分组头部的路由信息。路由器可以根据网络层的协议类型、网络号、主机的网络地址、子网掩码、高层协议的类型等来监控、拦截和过滤信息。路由器本身就是一台计算机。路由器也需要操作系统才能进行网络系统配置，以及和其他路由器交换信息。路由器是网络中进行网间连接的关键设备。路由器通过 IP 地址和子网掩码的组合隔离各个子网，有利于子网的划分、维护和管理。路由器还有流量控制能力，可以采用优化的路由算法均衡网络负载，减少网络拥塞的发生。路由器具有很好的隔离能力，可以避免"广播风暴"，也利于提高网络的安全性和保密性。

路由器按照功能可分为高端路由器和中低端路由器；按照结构可分为模块化结构与非模块化（固定）结构；根据技术特点和应用特点，可分为骨干级（核心）路由器、企业级路由器和接入路由器；按照性能可分为线速路由器以及非线速路由器。

第 2 章　以太网交换机技术

在网络工程的设计与实施中，掌握以太网交换机技术至关重要，是决定整个网络工程成败的关键因素。

2.1　以太网交换机技术简介

以太网交换机是集线器的更新换代产品。以太网交换机可以把一个网络从逻辑上划分成几个较小的网段。交换机属于 OSI 模型中的数据链路层，可以根据数据链路层信息做出帧转发决策，同时构成自己的转发表。

2.1.1　以太网简介

以太网是一种计算机局域网技术。IEEE 802.3 标准制定了以太网的技术标准，包括物理层连线、电子信号和介质访问层协议的内容。以太网是目前应用最普遍的局域网技术，它取代了其他局域网（如令牌环、FDDI）标准。以太网的标准拓扑结构为总线型拓扑，但目前的快速以太网（100BASE-T，1000BASE-T 标准）为了减少冲突、提高网络速度和使用效率最大化，使用集线器来进行网络连接和组织，这样以太网的拓扑结构就变成了星形。但在逻辑上，以太网仍然使用总线型拓扑和 CSMA/CD（载波监听多路访问/冲突检测）的总线技术。

以太网实现了网络上无线电系统多个节点发送信息的想法，每个节点必须获取电缆或者信道才能传送信息，有时也叫作以太（ether）（这个名字来源于 19 世纪物理学家假设的电磁辐射媒体——光以太，后来的研究结果证明光以太不存在）。以太网中的每一个节点有全球唯一的 48 位地址，也就是制造商分配给网卡的 MAC 地址，以保证以太网上所有节点能互相鉴别。以太网通信具有自相关性的特点，这对于电信通信工程十分重要。

以太网利用二进制位形成一个个的字节，这些字节组合成一帧帧的数据。帧有一个起点，称为帧头，终点则称为帧尾。以太网由许多物理网段组合而成，每个网段包括一些导线和与导线相连的网络设备。以太网上有很多网络设备，每个设备都会接收到各种各样的帧信息。每个帧报头中都包含一个目的介质访问控制（MAC）地址和一个源 MAC 地址，目的 MAC 地址可以告诉网络设备帧是否对它进行直接访问。如果设备发现帧的目的 MAC 地址与自己的 MAC 不匹配,设备将不处理该帧。从实际使用的角度看,以太网的 MAC 地址可以分为单播、多播和广播地址三类。单播地址的第一字节最低位为 0 (如 00e0.fc00.0006),用于网段中两个特定设备之间的通信,可以作为以太网帧的源和目的 MAC 地址;多播地址的第一字节最低位为 1 (如 01e0.fc00.0006),用于网段中一个设备和其他多个设备通信,只能作为以太网帧的目的 MAC;广播地址的 48 位全为 1 (ffff.ffff.ffff),用于网段中一个设备和其他所有设备通信,只能作为以太网帧的目的 MAC。

当以太网发生冲突的时候,网络要进行恢复,此时网络上将不能传送任何数据。因此,冲突的产生降低了以太网导线的带宽,而且这种情况是不可避免的。所以,当导线上的节点越来越多后,冲突的数量将会增加。在以太网网段上放置的最大节点数将取决于传输在导线上的信息类型。显而易见的解决方法是限制以太网导线上的节点,这个过程称为物理分段。物理网段实际上是连接在同一导线上的所有工作站的集合,经常描述物理网段的另一个词是冲突域。由于各种各样的原因,网络操作系统使用了广播。TCP/IP 使用广播从 IP 地址中解析 MAC 地址,还使用广播通过 RIP 协议进行宣告。因此,广播存在于所有的网络上,如果不对它们进行适当的维护和控制,它们便会充斥于整个网络,产生大量的网络通信,广播的目标地址为 ffff.ffff.ffff,这个地址将使所有工作站处理该帧。因此,广播不仅消耗了带宽,限制了用户获取实际数据的带宽,而且降低了用户工作站的处理效率。在这种情况下,所有能够接收其他广播的节点被划分为同一个逻辑网段,也称为广播域。在局域网中,每个工作站都通过某种传输介质连接到网络上,一般情况下,服务器不会有很多网络接口卡 (NIC)。因此,不可能将所有的工作站都连接到服务器上,而局域网中会使用 HUB,这是网络中很常用的设备。HUB 对所连接的 LAN 只做信号的中继,工作在网络物理层,连接在 HUB 上的所有物理设备相当于连接在同一根导线上,都处于同一个冲突域和广播域。因此,在网络设备很多的情况下,设备之间的冲突将会很严重,并且导致广播泛滥,严重影响网络的性能。

2.1.2　交换技术简介

交换技术是交换机的核心技术,主要有端口交换、帧交换和信元交换三种。

2.1.2.1　端口交换

端口交换技术最早出现在集线器中,这类集线器的背板通常划分有多条以太网段 (每条网段为一个广播域),不用网桥或路由器连接,网络之间是互不相通的,是一个独立的冲突域。端口交换用于在多个网段之间进行分配、平衡。根据支持的情况,端口交换有模块交换 (将模块进行网段迁移)、端口组交换 (通常将模块的端口划分为若干个组,每组端口允许进行网段迁移) 和端口级交换 (支持每个端口在不同网段之间进行迁移)。

2.1.2.2　帧交换

帧交换是目前应用最广的以太网交换技术，它通过对传统传输介质进行微分段，提供并行传送机制，减小冲突域，获得高的带宽。对网络帧的处理方式有直通交换和存储转发两种。直通交换是交换机各端口间采用纵横交叉的线路矩阵，提供线速处理能力，交换机只读出网络帧的前 14 个字节，便将网络帧传送到相应的端口上；存储转发是交换机先将到达输入端口的数据包缓存，检查数据包的正确性，并过滤掉冲突包错误，若数据包正确，则获取包的目的地址，通过查找表将包发送到相应的输出端口。直通交换的交换速度非常快，但缺乏对网络帧更高级的控制，缺乏智能性和安全性，同时也无法支持具有不同速率的端口的交换。因此，各厂商把存储转发作为研究重点。

2.1.2.3　信元交换

信元交换又叫异步传输模式（asynchronous transfer mode，ATM），是一种面向连接的快速分组交换技术，是通过建立虚电路来进行数据传输的。长度固定的信元可以使 ATM 交换机的功能尽量简化，只用硬件电路就可以对信元头中的虚电路标识进行识别，因此缩短了每个信元的处理时间，有利于实现网络的实时性应用。

2.1.3　交换机的组成

交换机的硬件系统主要包含 CPU、端口和存储介质。交换机的端口主要有以太网端口、快速以太网端口（fast ethernet）、吉比特以太网端口（gigabit ethernet）和控制台端口。存储介质主要有只读存储设备（read-only memory，ROM）、闪存（FLASH）、非易失性随机访问存储器（non-volatile random access memory，NVRAM）和动态随机存取存储器（dynamic random access memory，DRAM）。其中 CPU 是交换机的中央处理器。ROM 相当于 PC 机的 BIOS。交换机加电启动时，将首先运行 ROM 中的程序，以实现对交换机硬件的自检，并引导启动国际操作系统（internet operation system，IOS）。此存储器在系统断电时不会丢失程序数据。FLASH 是一种可擦写、可编程的 ROM，FLASH 包含 IOS 及微代码。FLASH 相当于 PC 机的硬盘，但速度要快得多，可通过写入新版本的 IOS 来实现对交换机的升级。FLASH 在断电时不会丢失程序数据。NVRAM 用于存储交换机的配置文件，此存储器在系统断电时也不会丢失程序数据。DRAM 是一种可读写存储器，相当于 PC 机的内存，此存储器在系统断电时会丢失程序数据。接口（interface）用于网络连接，通过接口进入或者离开交换机。

交换机的软件系统主要是 IOS。IOS 是一种特殊的软件，可用它配置 Cisco 相关交换和路由设备。IOS 采用模块化结构，可移植性和可扩展性好。对于 IOS 的大多数配置命令，在整个 Cisco 系列产品中都是通用的。IOS 是一个与硬件分离的软件体系结构，随着网络技术的不断发展，可动态地升级以适应不断变化的硬件和软件技术。Cisco IOS 操作系统具有以下特点。

（1）支持通过命令行（Command-Line Interface，CLI）或 Web 界面来对交换机进行配置和管理。

（2）支持通过交换机的控制端口（console）或 Telnet 会话来登录、连接并访问交换机。

（3）提供用户模式（user level）和特权模式（privileged level）两种命令执行级别，并提供全局配置、接口配置、子接口配置和虚拟局域网（virtual local area network，VLAN）数据库配置等多种级别的配置模式，以允许用户对交换机的资源进行配置。在用户模式中，仅能运行少数的命令，允许查看当前配置信息，但不能对交换机进行配置。特权模式允许运行交换机提供的所有命令。

（4）IOS 命令不区分大小写。

（5）在不引起混淆的情况下，支持命令简写，例如 enable 通常可缩写为 en。

（6）可随时使用"?"来获得命令行帮助，支持命令行编辑功能，并可将执行过的命令保存下来，以进行历史命令查询。

2.2　以太网交换机的基础配置

以太网交换机又叫作二层交换机，其转发的是以太网帧的二层信息。交换机接收到一个以太网帧后，根据该帧的目的 MAC 地址，把所接收到的报文从正确端口转发出去，这个过程称为二层交换，对应的设备称为二层交换机。需要注意的是，在二层交换机之前用于二层交换机的设备是透明网桥，二层交换机与透明网桥的最大区别在于透明网桥只有两个端口，而交换机的端口数目远远超过两个。

2.2.1　二层以太网交换机原理

目前所应用的交换机是采用硬件来实现转发过程的，该器件一般称为交换引擎（application specific integrated circuit，ASIC）。对于二层交换机来说，ASIC 将维护一张二层转发表 L2FDB（Layer 2 forwarding database）。交换机拥有一条很高带宽的背部总线和内部交换矩阵，交换机的所有端口都挂接在这条背部总线上。控制电路收到数据包以后，处理端口会查找内存中的 MAC 地址（网卡的硬件地址）对照表，以确定目的 MAC 的网卡挂接在哪个端口上，通过内部交换矩阵直接将数据包迅速传送到目的节点，而不是所有节点。若目的 MAC 不存在，则广播到所有端口。

以太网交换机逻辑结构及工作过程可用图 2.1 表示。图 2.1 中交换机有 4 个端口，其中端口 1，2，3 分别连接节点 A，B，C，端口 4 连接共享的集线器，节点 D 和 E 共享端口 4。

当节点 A 要向节点 D 发送信息时，节点 A 首先将目的 MAC 地址指向节点 D 的帧发

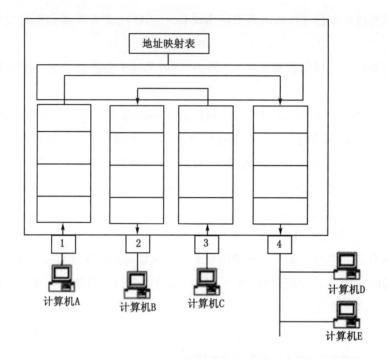

图 2.1

往端口 1，交换机收到该帧，并在检测到其目的 MAC 地址后，在交换机端口地址映射表中查到节点 D 所在的端口 4，交换机端口 1 与端口 4 建立一条连接，将端口 1 接收到的信息转发到端口 4。当节点 C 要向节点 B 发送信息时，节点 C 首先将目的 MAC 地址指向节点 B 的帧发往端口 3，交换机收到该帧，并在检测到其目的 MAC 地址后，在交换机端口地址映射表中查到节点 B 所在的端口 2，在端口 3 与端口 2 之间建立连接，并将信息转发到端口 2。由此，在端口 1 与 4 及端口 3 与 2 之间建立两条并发连接，实现了数据的并发转发和交换。

交换机是利用"地址学习"来动态建立和维护端口/MAC 地址映射表的，即通过读取帧的源地址并记录帧进入交换机的端口，建立端口/MAC 地址映射表。当得到 MAC 地址与端口的对应关系后，交换机检查地址映射表中是否已经存在该对应关系。若不存在，则将其加入到地址映射表；若已经存在，则更新该表项。交换机端口接收数据帧后，通过端口/MAC 地址映射表查找目的端口。若目的端口与源端口不同，则在源端口和目的端口之间建立连接，并将数据帧转发出去；若目的端口与源端口相同，则不建立连接，不转发数据帧，而是将该数据帧抛弃。这就是以太网交换机的通信过滤功能。

接下来分析一下使用交换机所构成的网络，其冲突域和广播域是怎样的？性能如何？由于以太网发生冲突是在网络的物理层（即第一层），而交换机工作在数据链路层（即网络的第二层），因此二层交换机将网络的冲突域限制在了交换机的端口内，也就是给网络划分成了若干个冲突域，每个端口就是一个冲突域，这样就大大地减少了冲突给网络带来的影响，极大地改善了网络的性能。交换机虽然可以有效地限制冲突的发生，但对于广播却无能为力。对于大量交换机构成的扁平网络而言，广播对网络性能的影响是非常大的，广播消耗了大量的网络带宽。由于路由器是网络层（即第三层设备），它不能对广播进行转发，所以可以通过路由器限制广播的转发，从而形成更多的广播域。虽然路由器能起到限制以太网广播域的作用，但其有一定的限制：路由器成本较高；路由器端口数目较少，一般不能满足二层网络的应用。因而在二层交换机中引入了 VLAN 的概念。

VLAN 是将一组位于不同物理网段上的工作站和服务器从逻辑上划分成不同的逻辑网段，在功能和操作上与传统 LAN 基本相同，可以提供一定范围内终端系统的互联和传输。使用 VLAN 的优点如下。

第一，限制了网络中的广播。

一般交换机不能过滤局域网的广播报文，因此在大型交换局域网环境中会造成广播量拥塞，对网络带宽造成极大浪费。针对这种情况，用户不得已用路由器对网络进行分割，路由器起到广播"防火墙"的作用。而支持 VLAN 的 LAN 交换机可以有效地用于控制广播流量，广播流量仅仅在 VLAN 内被复制，而不是在整个交换机范围，从而提供了类似路由器的广播防火墙功能。

第二，建立虚拟工作组。

可以应用 VLAN 技术建立虚拟工作站。当企业级的 VLAN 建成之后，某一部门或分支机构的职员可以在虚拟工作组模式下共享同一个局域网。这样绝大多数的网络都限制在 VLAN 广播域内部了。当部门内的某一个成员移动到另一个网络位置时，他所使用的工作站不需要做任何改动。同样，一个用户不用移动他的工作站就可以调整到另一个部门去，网络管理者只需要在控制台上进行简单的操作即可。VLAN 的这种功能使人们以前设想的动态网络组织结构成为可能，并在一定程度上大大地推动了交叉工作组的形成，这就是虚拟工作组。对一个公司而言，经常会针对某一个具体项目临时组建一个由各部门技术人员组成的工作组，他们可能分别来自经营部、网络部、技术服务部等。有了 VLAN，小组内的成员就不用再集中到一个办公室了，他们只要坐在自己的计算机旁就可以了。可见，VLAN 为人们带来了巨大的灵活性。当有实际需要时，一个虚拟工作组就可以应运而生；当项目结束后，虚拟工作组又可以随之消失。这样，无论是对用户还是对网络管理者来说，都是非常方便的。

第三，保证信息的安全性。

配置了 VLAN 后，一个 VLAN 的数据包不会发送到另一个 VLAN。这样，其他 VLAN 用户是收不到任何该 VLAN 数据包的，这就保证了该 VLAN 的信息不会被其他 VLAN 的人窃听，从而保证了信息的安全性。

由于 VLAN 具有这些优点，故在实际网络工程中 VLAN 应用非常普遍。所以掌握 VLAN 的划分方法就显得非常重要。总结一下，VLAN 有如下划分方法。

（1）基于端口划分 VLAN。

应用最多的是利用交换机端口来划分 VLAN 成员，被设定的端口都处在同一个广播域中。这样可以允许 VLAN 内部各端口之间进行信息传递。按交换机端口来划分 VLAN 成员，其配置过程简单明了，因此这是最常用的一种方式。但是，这种方式不允许多个 VLAN 共享一个物理网段或交换机端口。而且，如果某一个用户从一个端口所在的虚拟局域网移动到另一个端口所在的虚拟局域网，网络管理者需要重新进行配置，这对于拥有众多移动用户的网络来说是难以实现的。

（2）基于 MAC 地址划分 VLAN。

这种方法是根据每个主机的 MAC 地址来进行划分，对每个 MAC 地址的主机都配置到相应的组。基于 MAC 地址划分 VLAN 的优点在于，当用户物理位置移动，即从一个交换机换到其他的交换机时，VLAN 不用进行重新配置。所以，可以认为基于 MAC 地址的划分方法是基于用户的 VLAN。这种方法的缺点是初始化时，所有的用户都必须进行配置，如果有几百个甚至上千个用户的话，初始配置的工作量非常大。而且这种划分会导致交换机执行效率降低，因为在每一个交换机的端口都可能存在多个 VLAN 组的成员，因此也就无法限制广播包。对于使用笔记本电脑的用户来说，由于网卡可能经常更换，VLAN 就必须不停地配置。

（3）基于网络层划分 VLAN。

这种划分 VLAN 的方法是根据每个主机网络层地址或协议类型进行划分，虽然这种划分方法可能是根据网络地址（比如 IP 地址），但它不是路由，不要与网络层的路由混淆。它虽然查看每个数据包的 IP 地址，但由于不是路由，所以，没有 RIP，OSPF 等路由协议，而是根据生成树算法进行桥交换。它的优点是当用户物理位置改变时，不需重新配置他所属的 VLAN。而且可以根据协议类型来划分 VLAN，这对网络管理者来说很重要，并且这种方法不需要附加的帧标签来识别 VLAN，从而减少了网络的通信量。它的缺点是效率较低，因为检查每一个数据包的网络层地址非常费时，一般的交换机芯片都可以自动检查网络上数据包的以太网帧头，但要让芯片能检查 IP 帧头，需要更高的技术，同时也更费时。当然，这也跟各个厂商的实现方法有关。

（4）IP 组播作为 VLAN。

IP 组播实际上也是一种 VLAN 的定义，即认为一个组播组就是一个 VLAN，这种划分的方法将 VLAN 扩大到了广域网。因此这种方法具有更大的灵活性，而且很容易通过路由器进行扩展。当然这种方法不适合局域网，主要是因为效率不高。

（5）基于组合策略划分 VLAN。

这种划分 VLAN 的方法就是将上述各种 VLAN 划分方式进行组合。

2.2.2　以太网交换机相关技术

以太网交换机涉及的协议和技术比较多，这里只对交换机特有的协议和特性进行简单的介绍，目的是对交换机的一些特性有感性的认识，做到简单了解。

2.2.2.1 　接口的自协商特性

以太网技术发展到 100 Mb/s 以后，出现了一个如何与原 10 Mb/s 以太网设备兼容的问题，自协商技术就是为了解决这个问题而研发的。自协商功能允许一个网络设备将自己所支持的工作模式信息传达给网络上的对端，并接收对方可能传递过来的相应信息。自协商功能完全由物理层芯片设计实现，因此并不使用专用数据报文或带来任何高层协议的开销。在链路初始化时，自协商协议向对端设备发送 16 bit 的报文，并从对端设备接收类似的报文。自协商的内容主要包括速度、双工、流控等，一方面通知对端设备自身可工作的方式；另一方面，从对端发来的报文中获得对端设备可以工作的方式。如果对端设备不支持自协商，缺省的假设是：链路工作于半双工模式。所以，如果对端设备为强制 10 Mb/s 全双工工作模式，和自协商的设备协商出的结果将是：对端工作在 10 Mb/s 全双工工作模式，自协商的设备工作在 10 Mb/s 半双工的工作模式，这种连接虽然可以通信，但是必将产生大量的冲突，需要在网络工程设计中注意避免这个问题的出现。

2.2.2.2 　智能 MDI/MDIX 自识别技术

MDI 提供终端到网络中继设备物理和电路连接，主机、路由器等的网卡接口类型为 MDI；MDIX 提供同种设备（终端到终端）的连接，集线器、交换机等接入端口（access port）类型为 MDIX。以太网交换机属于 MDIX 设备，输出的以太网口属于 MDIX 接口，连接 MDI 类设备（如 PC 机）时，需要使用普通（平行）网线，若采用交叉网线，则不能正确连接通信。以太网交换机的 10/100 Mb/s 以太网口具备智能 MDI/MDIX 识别技术，可以自动识别连接的网线类型，用户不管采用普通网线还是交叉网线均可以正确连接设备，极大地方便了用户的使用。用户也可以对端口进行配置，将其强制配置成 MDIX 或者 MDI 工作方式。MDI/MDIX 识别技术的实现是通过物理层芯片和变压器技术实现的。物理层芯片内部的电子开关可以进行 MDI 和 MDIX 之间的智能切换。具有中心抽头的、收发对称的变压器保证了发送与接收通道的切换。

2.2.2.3 　流控机制

网络拥塞一般是由速率不匹配（如 100 Mb/s 向 10 Mb/s 端口发送数据）及突发的集中传输造成的，它可能导致以下几种情况：延时增加、丢包、重传增加及网络资源不能有效利用。IEEE 802.3x 规定了一种 64 b 的"PAUSE"MAC 控制帧的格式，当端口发生阻塞时，交换机向信息源发送"PAUSE"帧，告诉信息源暂停一段时间再发送信息。在实际的网络中，尤其是一般局域网，产生网络拥塞的情况极少，所以有的交换机并不支持流量控制。高性能的交换机应支持半双工方式下的反向压力和全双工的 IEEE 802.3x 流控。有的交换机的流量控制将阻塞整个 LAN 的输入，降低整个 LAN 的性能；高性能的交换机采用的策略是仅仅阻塞向交换机拥塞端口输入帧的端口，保证其他端口用户的正常工作。

2.2.2.4 POE 供电

POE 的基本原理和作用是通过 10BASE-T、100BASE-TX、1000BASE-T 以太网网络对设备或终端进行供电的。标准的五类网线有四对双绞线，但是网络通信只用到其中的两对。IEEE 802.3af 允许两种用法，应用空闲脚供电时，4 和 5 脚连接为正极，7 和 8 脚连接为负极；应用数据脚供电时，将 DC 电源加在传输变压器的中点，不影响数据的传输。在这种方式下线对 1 和 2 以及线对 3 和 6 可以是任意极性。标准不允许同时应用以上两种情况。其基本优点是：可靠，实现了集中式电源供电；方便，网络终端不需外接电源，只需要一根网线；按照 2003 年 6 月被正式批准的 IEEE 802.3af 标准，全球统一的电源接口。从应用角度看，POE 技术应用前景广泛，像 IP 电话、无线访问接入点（AP）、便携设备充电器、刷卡机、摄像头、数据采集的终端设备等都可以通过 POE 来供电，POE 供电系统的电压为 48 V 直流。IEEE 802.3af 标准定义了两种设备：PSE 和 PD。PSE（power-sourcing equipment）是供电设备，PSE 可以细分为两种：一种是 Mids-pan，POE 功能在交换机外；另外一种是 Endpoint，POE 功能集成到交换机内。PD（powered device）是受电设备。另外，IEEE 802.3af 标准还定义了 PI（power interface），即 PSE/PD 与网线的接口，目前支持两种方式：Alternative A 1，2，3，6（即采用信号线供电）和 Alternative B 4，5，7，8（采用空闲线供电）。一般来说，标准的 PD 设备必须支持两种受电方式，但 PSE 设备只需支持其中一种。

2.2.2.5 端口镜像

端口镜像的主要作用是查看网络中某个或某些端口流量，用于故障定位和分析。一般启动端口镜像功能的步骤是：先设置一个监控端口，用于连接网络分析仪器等设备；然后设定被监控或者镜像的端口，通过 ASIC 硬件将被镜像端口的流量原封不动地复制到监控端口进行分析。设定为监控的端口也具有普通业务端口的所有功能，能支持所有的业务。一般情况下，交换机只允许设置一个监控端口，但被镜像的端口可以是一个或者多个。

2.2.2.6 生成树协议

生成树协议（spanning tree protocol，STP）的基本应用是防止交换机冗余链路而产生环路，用于确保以太网中无环路的逻辑拓扑结构，达到避免"广播风暴"、大量占用交换机资源的目的。生成树算法的基本思想是：在网桥之间传递特殊的消息，使之能够据此来计算生成树，这种特殊的消息称为"配置消息"或"配置 BPDU"。通过 BPDU 信息的传送，首先在网络中选出根交换机，然后计算各路径的优劣，打开（处于 for-warding 状态）或者阻塞（discarding 状态）相应的链路。STP 是二层管理协议，它通过有选择地阻塞网络冗余链路来达到消除网络二层环路的目的，同时具备链路备份的功能。

2.2.2.7 链路聚合

链路聚合是将交换机的多个物理以太网端口聚合在一起形成一个逻辑上的聚合组，

使用链路聚合服务的上层实体把同一聚合组内的多条物理链路视为一条逻辑链路。链路聚合可以实现出/入负荷在聚合组中各个成员端口之间分担，以增加带宽。同时，同一聚合组的各个成员端口之间彼此动态备份，提高了连接的可靠性。聚合接口是一个逻辑接口，它可以分为二层聚合接口和三层聚合接口。聚合组是一组以太网接口的集合，聚合组是随着聚合接口的创建而自动生成的，其编号与聚合接口编号相同。根据聚合组中可以加入以太网接口的类型，可以将聚合组分为两类：二层聚合组是随着二层聚合接口创建而自动生成的，只能包含二层以太网接口；三层聚合组是随着三层聚合接口创建而自动生成的，只能包含三层以太网接口。聚合组中的成员端口有两种状态：Selected 状态和 Unselected 状态，处于 Selected 状态的接口可以参与转发用户业务流量，处于 Unselected 状态的接口不能转发用户业务流量。聚合接口的速率、双工状态由其 Selected 成员端口决定，聚合接口的速率是 Selected 成员端口的速率之和，聚合接口的双工状态与 Selected 成员端口的双工状态一致。

链路聚合控制协议（link aggregation control protocol，LACP）是一种基于 IEEE 802.3 ad 标准的协议。LACP 协议通过链路聚合控制协议数据单元（link aggregation control protocol data unit，LACPDU）与对端交互信息。处于动态聚合组中的接口会自动使用 LACP 协议，该接口将通过发送 LACPDU 向对端通告自己的系统 LACP 协议优先级、系统 MAC、端口的 LACP 协议优先级、端口号和操作 Key。对端接收到 LACPDU 后，将其中的信息与其他接口所收到的信息进行比较，以选择能够处于 Selected 状态的接口，从而双方可以对接口处于 Selected 状态达成一致。操作 Key 是在链路聚合时，聚合控制根据成员端口的某些配置自动生成的一个配置组合，包括端口属性配置（包含端口速率、双工模式和链路状态配置）和第二类配置。同一聚合组中，如果成员端口之间的配置不同，生成的操作 Key 必定不同。如果成员端口与聚合接口的配置不同，那么该成员端口就不能成为 Selected 端口。在聚合组中，处于 Selected 状态的成员端口具有相同的操作 Key。聚合为交换机提供了端口捆绑的技术，允许两个交换机之间通过两个或多个端口并行连接，同时传输数据以提供更高的带宽。聚合是目前许多交换机支持的一个高级特性。采用聚合有很多优点：增加网络带宽，聚合可以将多个端口捆绑成为一个逻辑连接，捆绑后的带宽是每个独立端口的带宽总和。当端口上的流量增加而成为限制网络性能的瓶颈时，采用支持该特性的交换机可以轻而易举地增加网络的带宽。提高网络连接的可靠性，当主干网络以很高的速率连接时，一旦出现网络连接故障，后果是不堪设想的。高速服务器以及主干网络连接必须保证绝对可靠，采用聚合的一个良好设计可以避免这种故障，组成聚合的一个端口一旦连接失败，网络数据将自动重定向到那些好的连接上。这个过程非常快，可以保证网络无间断地继续正常工作。实现网络流量的负载分担，目前大部分交换机都可以根据以太网帧的源、目的 MAC 进行流量在各个聚合端口上的分担，而且根据源、目的 IP 地址进行流量分担也已经实现。

2.2.2.8 二层多播

多播的作用就是将数据只传递给有接收者的那些链路。在二层提出多播的原因主要是交换机对多播报文当广播处理，因此，在实际的网络应用中，会导致所有的用户都能接收到组播报文，即使该用户未请求该业务，从而导致网络带宽的浪费及影响到安全性。

2.2.2.9 集群管理

接入交换机一般放在用户侧，有的在楼道，有的在办公区，且数量庞大。因此，对此类交换机的管理和配置成了一个很大的问题。传统的方法是通过一个 IP 地址管理一个交换机，来实现远程配置。但由于网络中的设备太多，每一台都要配置，重复工作量很大。为解决这种问题，就有了集群管理。通过集群管理，整个网络能完成其拓扑结构的自发现，不用设置 IP 也能管理，达到了节省 IP 地址的目的。通过统一而简单的配置模式来统一管理所有交换机，同时也简化了升级过程。集群管理的基本功能是允许网络管理员通过一个主交换机的公网 IP 地址，实现对多个交换机的管理。主交换机称为命令交换机，其他被管理的交换机称为成员交换机。主交换机提供了对整个集群的管理接口，一般来说是集群中唯一配有公网 IP 地址的交换机。从交换机一般不配置公网 IP 地址，通过主交换机重定向来进行对从交换机的管理和维护。具有集群管理功能的交换机可以通过配置来决定是否加入集群。通常为了提高网络管理的可靠性，避免单点故障影响集群管理功能，还应该设置多个备份交换机，在主交换机无法工作时替代主交换机来工作。

2.2.3 配置以太网交换机的基本功能

交换机的配置设计是衡量网络工程设计水平高低的一个既重要又基本的标志。这主要有两个原因：一是目前绝大多数企业所配置的交换机都是桌面非网管型交换机，根本不需任何配置，纯属"傻瓜"型，与集线器一样，接上电源、插好网线就可以正常工作；二是多数中小企业老总对本公司的网管员不是很放心，所以即使购买的交换机是网管型的，也不让本公司的网管人员来配置，而是请厂商工程师或者其他专业人员来配置。所以这些中小企业网管员也就很难有机会真正自己动手来配置一台交换机。交换机的详细配置过程比较复杂，而且具体的配置方法会因不同品牌、不同系列的交换机而有所不同。这里只讲述通用配置方法，有了这些通用配置方法，就能举一反三，融会贯通。常用的交换机的基本配置方式主要有三种：利用 Console 端口对交换机进行配置、通过 Telnet 对交换机进行远程配置和通过 Web 浏览器对交换机进行远程配置。

2.2.3.1 利用 Console 端口对交换机进行配置的操作步骤

利用 Console 端口对交换机进行配置是最常用、最基本的网络管理员管理和配置交换机的方式。因为其他两种配置方式需要借助于 IP 地址、域名或设备名称才可以实现，新购买的交换机显然不可能内置这些参数，所以这两种配置方式必须在通过 Console 端口进行基本配置后才能进行。

利用 Console 端口对交换机进行配置的操作步骤如下。

（1）交换机上一般都有一个 Console 端口，它专门用于对交换机进行配置和管理。将交换机的 Console 线一头连接到交换机，另一头连接到计算机的串口上，然后开启计算机和交换机的电源。

（2）执行"开始"→"所有程序"→"附件"→"通信"→"超级终端"命令。需要注意的是，如果是第一次运行"超级终端"，将出现一个"位置信息"窗口，如图 2.2 所示。

图 2.2

（3）从"目前所在的国家（地区）"下拉列表框中选择"中华人民共和国"，在"您的区号（或城市号）是什么?"文本框中输入相应的区号，如"0373"，单击"确定"按钮，会出现如图 2.3 所示的"电话和调制解调器选项"对话框。

图 2.3

（4）不用进行任何设置，直接单击"确定"按钮，弹出如图2.4所示的界面，在其中的"连接描述"对话框中输入连接设备的名称，并选择对应的图标。

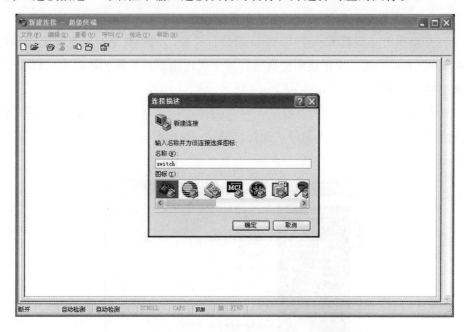

图 2.4

（5）单击"确定"按钮，弹出如图2.5所示的"连接到"对话框。在"连接时使用"下拉列表框中选择与交换机相连的计算机的串口。

图 2.5

（6）单击"确定"按钮，弹出如图2.6所示的对话框，可以设置"每秒位数""数据位""奇偶校验""停止位""数据流控制"等参数。

（7）单击"确定"按钮，显示如图2.7所示的"超级终端"窗口，可以在此配置交换机。

图 2.6

图 2.7

2.2.3.2 使用 Telnet 连接交换机前的准备工作及远程配置操作步骤

Telnet 配置方式必须在通过 Console 端口进行基本配置之后才能进行。Telnet 协议是一种远程访问协议，可以用它登录到远程计算机、网络设备或专用 TCP/IP 网络。在使用 Telnet 连接至交换机前，应确认已经做好以下准备工作。

（1）在用于管理的计算机中安装有 TCP/IP 协议，并已配置好 IP 地址。

（2）在被管理的交换机上已经配置好 IP 地址。如果尚未配置 IP 地址，那么必须通过 Console 端口进行设置。

（3）在被管理的交换机上建立了具有管理权限的用户账户。如果没有建立新的账户，那么 Cisco 交换机默认的管理员账户为"Admin"。

（4）通过 Telnet 对交换机进行远程配置的操作步骤如下。

①执行"开始"→"运行"命令，弹出"运行"对话框，在"打开"文本框中输

入"cmd"命令，打开"命令提示符"窗口，在提示符后输入"Telnet 交换机的 IP 地址"，登录至远程交换机。图 2.8 所示是通过 Telnet 连接到一个管理 IP 为 210.43.32.120 的主机。

图 2.8

②连接到交换机后，要求用户认证，如图 2.9 所示。输入管理密码后，按 Enter 键即可建立与远程交换机的连接。

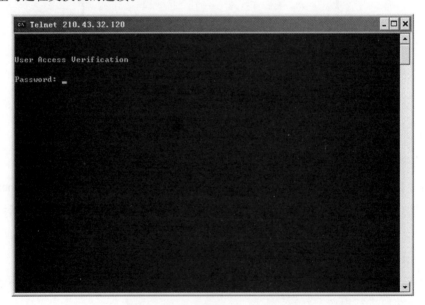

图 2.9

③通过 Telnet 连接到交换机后，就可以像在本地一样对交换机进行配置操作。例如，通过 Telnet 连接后，查询交换机的相关 VLAN 信息，如图 2.10 所示。

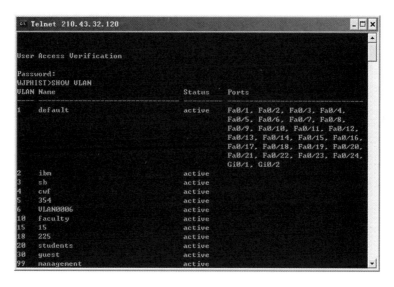

图 2.10

2.2.3.3　利用 Web 浏览器访问交换机前的准备工作及远程配置操作步骤

当利用 Console 端口为交换机设置好 IP 地址并启用 HTTP 服务后，即可通过支持 JAVA 的 Web 浏览器访问交换机，修改交换机的各种参数，以及对交换机进行管理。在利用 Web 浏览器访问交换机之前，应确认已经做好以下准备工作。

（1）在用于管理的计算机中安装了 TCP/IP 协议，且在计算机和被管理的交换机上都已经配置好 IP 地址。

（2）用于管理的计算机中安装有支持 JAVA 的 Web 浏览器。

（3）在被管理的交换机上建立了拥有管理权限的用户账户和密码。

（4）被管理交换机的 IOS 支持 HTTP 服务，并且已经启用了此服务；否则，应通过 Console 端口升级 Cisco IOS 和启用 HTTP 服务。

（5）通过 Web 浏览器对交换机进行远程配置的操作步骤如下。

①当准备工作做好以后，把计算机连接在交换机的一个普通端口上，并运行 Web 浏览器。在浏览器的地址栏中输入被管理交换机的 IP 地址或为其指定的名称，按 Enter 键，弹出对话框。在"用户名"和"密码"文本框中输入拥有管理权限的用户的用户名和密码。

②单击"确定"按钮，即可建立与被管理交换机的连接，在 Web 浏览器中显示交换机的管理界面。

③按照 Web 界面中的提示查看交换机的各种参数和运行状态，并可根据需要对交换机的某些参数做必要的修改。

如果是第一次配置，那么需要利用 Console 端口进行配置。首先要进行的就是 IP 地址配置，这主要是为后面进行远程配置做准备。IOS 命令需要在对应的命令模式下才能执行，因此，如果想执行某个命令，必须先进入相应的配置模式。IOS 共包括 6 种不同的命令模式：UserExec 模式（用户模式）、PrivilegedExec 模式（特权模式）、VLAN da-taBase 模式（VLAN 数据库模式）、Global configuration 模式（全局配置模式）、Interface configuration 模式（接口配置模式）和 Line configuration 模式（终端线路配置模式）。用户模式是通过交换机的控制台端口或 Telnet 会话连接并登录到交换机时，其命令执行模式就是用户模式。输入"exit"命令或"disable"命令可以退出用户模式，退出后直接按 Enter 键可以返回到用户模式。用户模式仅能运行少数命令，允许查看当前配置信息，但不能对交换机进行配置。在用户模式中输入"enable"命令，可以进入特权模式，如果设置了密码，那么必须输入认证密码才能进入。进入特权模式后，用户可以查询系统的相关信息。其他配置模式都是在特权模式的基础上实现的。也就是说，必须进入特权模式后，才能在相应命令的引导下进入其他的配置模式。输入"exit"命令可以退出特权模式。VLAN 数据库模式是非常重要的一种配置模式。VLAN 是交换机的主要配置事项。在特权模式中输入"vlan database"命令可以进入 VLAN 数据库模式。输入"exit"命令可以退出 VLAN 数据库模式。全局配置模式用于将配置的参数应用于整个交换机，系统的安全性等相关设置都是在全局配置模式下进行的。在特权模式下输入"config terminal"命令，可以进入全局配置模式。退出全局配置模式既可以使用"exit"命令，也可以使用"end"命令，还可以使用 Ctrl+Z 键。接口配置模式用于为选定接口配置参数，它只能执行配置交换机端口的命令，它是在全局配置命令的基础上实现的，在全局配置模式中输入"interface 接口"命令，即可进入接口配置模式。返回到全局配置模式可以输入"exit"，直接返回到特权模式可以输入"end"命令，也可以按 Ctrl+Z 键。相关可配置的命令字包括 Async（异步接口），BVI（网桥虚拟接口），CDMA−Ix，CTun-nel，Dialer（拨号接口），FastEthernet（快速以太网），Group-Async，Lex，Loopback（环路自测），MFR，Multilink，Null（空连接），Port-Channel，Tunnel，Vif，Virtual−PPP，Virtual-Template，Virtual-TokenRing，Vlan，range（指定接口范围）等。终端线路配置模式实际上和接口配置模式同样是全局配置模式的一种子模式，它也是实现在全局配置模式之下的一种配置。在全局配置模式下输入"line 线路号"即可进入终端线路配置模式。注意线路号的范围为 0~134，其中 aux 指定为备用线路，tty 指定的是终端控制器，Console 指定的是控制台，vty 指定的是虚拟终端，x/y 代表的是调制解调器的插槽/接口。返回到全局配置模式可以输入"exit"，直接返回到特权模式可以输入"end"命令，也可以按"Ctrl+Z"。

在用户模式下输入"enable"命令进入特权模式，输入"setup"命令出现对话配置，这时提示用户是否继续实现配置，输入 Y（Y 表示确认操作，N 表示否认操作）表示选择继续配置过程，按照系统提示，顺序输入可进行远程管理计算机的 IP 地址和子网掩码。系统提示是否设置默认网关，输入 Y，设置对应的网关地址，继续设置对应的交换机的名称及对应的特权用户密码。单击 Enter 键，出现询问是否设置远程登录密码的会话，输入 Y（Y 表示确认操作，N 表示否认操作）继续设置对应的远程登录密码，完成后单击 Enter 键，设置簇用户名，完成后系统自动生成基本配置的确认。最后系统提示用户是否启动配置，如果输入 Y（Y 表示确认操作，N 表示否认操作），那么完成配置并启用。

交换机的主机名默认为 Switch。当网络中使用了多个交换机时，为了以示区别，通常应根据交换机的应用场地为其设置一个具体的主机名。设置交换机的主机名可在全局配置模式中通过 hostname 配置命令来实现，其用法为：hostname（名称）。例如：我们要把交换机的主机名改为 SYLG，则相应的设置命令为：hostmme SYLG。

交换机的基本密码项目包括 Console 密码、Password 密码、Secret 密码和 Telnet 密码。Console 密码是在进入 Console 端口时进行认证使用的密码，如果没有正确的 Console 密码，那么无法进入交换机。一般的网络管理员为防止其他用户在本地通过 Console 端口登录交换机而设置此密码。设置好 Console 密码后，下一次在 Console 实现登录交换机，直接按 Enter 键，则出现 Console 端口的认证请求过程，输入正确的密码才能进入用户模式。Password 密码是一种简单的特权认证密码，它是明文显示。其设置命令为"enable Password［密码］"。Secret 密码是加密的特权认证密码，其设置命令为"enable Secret［密码］"。注意：如果同时设置 Secret 和 Password 密码，进入特权模式要求必须输入 Secret 密码。虚拟终端密码指的是 Telnet 登录时所需的密码。此密码设置后可以采用远程登录方式实现交换机的配置和管理。

在二层交换机中，配置的管理 IP 地址仅用于远程登录管理交换机。若没有配置管理 IP 地址，则交换机只能采用控制端口进行本地配置和管理。默认情况下，交换机的所有端口均属于 VLAN 1，VLAN 1 是交换机自动创建和管理的，每个 VLAN 只有一个活动的管理地址，因此，对二层交换机设置管理 IP 地址之前，应先选择 VLAN 接口，然后利用 ip address 配置命令配置管理 IP 地址。其配置命令为：

interface vlan vlan-id

ip address address netmask

参数说明：

● vlan-id 代表要配置的 VLAN 号。

● address 为要设置的管理 IP 地址，netmask 为子网掩码。

注意：interface vlan 配置命令用于访问指定的 VLAN 接口。二层交换机（如 2900/3500XL，2950 等）没有三层交换功能，运行的是二层 IOS，VLAN 间无法实现相互通信，VLAN 接口仅作为管理接口。

为了使交换机能与其他网络通信，需要为交换机设置默认网关。网关地址通常是某个三层接口的 IP 地址，此接口充当路由器的功能。

设置默认网关的配置命令为：ip default-gateway｛gateway address｝。

对交换机进行配置修改后，在特权模式中执行"write"或"copy run start"命令，对配置进行保存。若要查看默认网关，可执行"show ip route default"命令。

为了使交换机能解析域名，需要为交换机指定 DNS 服务器。启用 DNS 服务的配置命令：ip domain-lookup。禁用 DNS 服务的配置命令：no ip domain-lookup。指定 DNS 服务器地址的配置命令：ip name-server serveraddress1［serveraddress2…serveraddress6］。交换机最多可指定 6 个 DNS 服务器地址，各地址间用空格分隔，排在最前面的为首选 DNS 服务器。如果启用了 DNS 服务并指定 DNS 服务器地址，那么在对交换机进行配置时，对于输入错误的配置命令，交换机会试着进行域名解析，导致交换机的速度下降，这会影响配置。因此，在实际应用中，通常禁用 DNS 服务。没有特殊需求，请禁用 DNS 服务。

对于运行 IOS 操作系统的交换机，启用 HTTP 服务后，还可以利用 Web 界面来管理交换机。在浏览器的地址栏中输入"http：//交换机管理 IP 地址"，将弹出用户认证对话框，输入对应的用户名和密码即可进入交换机的 Web 管理页面。交换机的 Web 配置界面功能较弱且安全性较差，在实际应用中，主要还是采用命令行来配置交换机。交换机默认启用了 HTTP 服务，如没有特殊需求，一般应该禁用该服务。启用 HTTP 服务的配置命令：ip http server。禁用 HTTP 服务的配置命令：no ip http server。

使用简单网管协议，可实现对交换机的自动配置与管理。启用 snmp 管理的配置命令：

snmp-server community public RO

snmp-server community private RW

禁用 snmp 管理的配置命令：

no snmp-server community private

no snmp-server community public

以上命令在全局配置模式下运行。

命令简写的原则很简单，在当前模式下，不引起和其他命令混淆的连续字符都可以使用。最少为一个字符。比如在用户模式下，包括三个以"di"开头的命令，分别是 dir、disable 和 disconnect。那么 dir 命令绝对不能简写，disable 命令可以简写为"disa"，当然"disab"和"disable"也可以使用，但是 dis 绝对不能使用，因为它可能和"disconnect"命令混淆。实际上一般的简写都因为不同的习惯而由网络管理人员自定。一个原则，只要命令不混淆即可顺利通过。"?"命令用于显示当前模式下的所有支持命令，用户也可以列出相同开头的命令关键字或者每个命令的参数信息。"?"命令也支持简写的所有命令的列出。注意："?"命令为每个实际命令的简写提供了很大的帮助。另外，部分命令支持在用户简写前面的连续几个字母后，按 Tab 键自动补全命令字的特征。

缺省情况下，交换机的 Telnet Server 和 Web Server 均处于打开状态，为了实现安全控制，一般只开启本地 Console 端口的配置，这样就要禁止使用 Telnet、Web 对交换机进行访问。相关的一个配置实例如下：

Switch# configure terminal

Switch（config）# no enable services Telnet-server

Switch（config）# no enable services web-server

Switch（config）# no enable services snmp-agent

Switch（config）# end

Switch# show running-config

Switch# copy running-config startup-config

"no"命令用来禁止某个特性或功能，或者执行与命令本身相反的操作。上面设置密码后，都使用对应的 no 命令实现了密码的取消。实际上任何的设置命令都可以在其前面加上"no"命令，以此实现设置的取消过程。

设置系统时间的命令为 clock set hh：mm：ss day month year，其中 hh：mm：ss 表示小时（24 小时制）、分钟和秒；day 表示日，范围 1~31；month 表示月，范围 1~12；year 表示年，注意不能使用缩写。例如：将系统时钟设置为 2009 年 1 月 1 日上午 10 点 30 分的命令为：Switch# clock set 10：30：00 1 1 2009。

二层交换机端口的基本配置主要包括端口的设置、端口速率的设置、操作模式的设置、端口的优化和启用禁用等。

在对端口进行配置之前，应先选择所要配置的端口。端口选择命令为：interface type mod/port。对于使用 IOS 的交换机，其端口（port）通常也称为接口（interface），并由端口的类型、模块号和端口号共同进行标识。Cisco Catalyst 2950-24 交换机只有一个模块，其编号为 0，此模块有 24 个快速以太网端口。若要选择第 10 号端口，则配置命令为：

Switch#config t

Switch（config）#interface f0/10

Switch（config-if）#

Cisco 2900、Cisco 2950 和 Cisco 3550 交换机，支持使用 range 关键字来指定一个端口范围，从而实现选择多个端口，并对这些端口进行统一配置。同时选择多个交换机端口的配置命令为 interface range type mod/startport-endport。startport 代表要选择的起始端口号，endport 代表结尾的端口号。在用于代表起始端口范围的连字符"-"的两端应留一个空格，否则命令将无法识别。

例如，若要选择交换机的第 1 至第 24 口的快速以太网端口，则配置命令为：

Switch#config t

Switch（config）#interface range fa0/1-24

Switch（config-if-range）#

在实际配置中，可为端口指定一个描述性的注意文字，对端口的功能和用途等进行注意，以起备忘作用，其配置命令为 description port-description。如果描述文字中包含空格，那么要用引号将描述文字引起来。

设置端口通信速度的配置命令为 speed［10｜100｜1000｜auto］。默认情况下，交换机的端口速度设置为 auto（自动协商），此时链路的两个端点将交流有关各自能力的信息，从而选择一个双方都支持的最大速度和单工（或双工）通信模式。若链路一端的端口禁用了自动协商功能，则另一端就只能通过电气信号来探测链路的速度。

设置端口的单双工模式的配置命令为 duplex［full｜half｜auto］。full 代表全双工（full-duplex），half 代表半双工（half-duplex），auto 代表自动协商单双工模式。在配置交换机时，应注意端口的单双工模式的匹配。如果链路的一端设置的是全双工，而另一端是半双工，那么会造成响应差和高出错率，丢包现象会很严重。通常可设置为自动协商或相同的单双工模式。

启动链路协商的配置命令为 negotiation auto。禁用链路协商的配置命令为 no negotiation auto。

当确定某一端口仅用于连接主机，而不会用于连接其他交换机端口时，可对此端口进行优化，以减少因生成树协议（Spanning Tree Protocol，STP）或 trunk 协商而导致的端口启动延迟。其优化配置命令为：

spanning-tree portfast

switchport mode access

no channel-group

以上配置命令在接口配置模式下运行，实际上是通过启用 STP PortFast、禁用 trunk 模式来实现优化端口，加快连接速度的。spanning-tree portfast 配置命令指定端口为 portfast 模式，在此模式下，将不运行生成树协议 STP，以加快建立连接的速度。

对于没有连接的端口，其状态始终为 shutdown。对于正在工作的端口，可根据管理的需要进行启用或禁用。例如，若发现连接在某一端口的计算机因感染病毒正大量向外发包，此时就可禁用此端口，以不允许此主机连接网络。

第 3 章　路由器技术

在网络中，两个或多个局域网之间的连接是依靠路由器来完成的。路由器是首先通过读取收到网络中传来数据包中的网络地址，然后决定如何转发这个数据包的一种专用智能网络设备，在网络中起到网关的作用。通常可以把路由器看作一个专用计算机，这个专用计算机能够理解不同的协议，可以分析各种不同类型网络传来的数据包的目的地址，将非 TCP/IP 网络的地址转换成 TCP/IP 地址，或者反之。最后根据选定的路由选择算法把各个数据包按照最优路线传送到指定位置。

3.1　路由器技术简介

路由器是一种常见的网络设备，网络复杂性造成了路由器的复杂性，功能复杂、应用复杂、使用复杂。路由器实质上是一种将网络进行互联的专用计算机。路由器在 TCP/IP 中又被称为 IP 网关。

3.1.1　路由器的基本概念

路由是指通过相互连接的网络把信息从源地点移动到目标地点的活动。一般来说，在路由过程中，信息至少会经过一个或多个中间节点。通常，人们会把路由和交换进行对比，这主要是因为在普通用户看来两者所实现的功能是完全一样的。其实，路由和交换之间的主要区别就是交换发生在 OSI 参考模型的第二层（数据链路层），而路由发生在第三层，即网络层。这一区别决定了路由和交换在移动信息的过程中需要使用不同的控制信息，所以两者实现各自功能的方式是不同的。

大家都知道 OSI 的七层网络模型，而 TCP/IP 协议模型只有四层，要比 OSI 的七层模型简单一些，如图 3.1 所示。路由器的软件结构就是以 TCP/IP 协议栈为核心的。

路由器的协议转换发生在 IP 层，IP 地址被用来标识一台工作在 IP 层的网络设备。在互联网中 IP 地址应该是唯一的，一个 IP 地址不能同时被多个网络设备使用，但是 TCP/IP 允许一台网络设备占用多个 IP 地址，这种设备称为"多穴主机"。路由器就是一种多穴主机，它的每个端口都有一个 IP 地址，甚至一个端口可以有多个 IP 地址。IP 地址长度为四个字节，TCP/IP 将 IP 地址划分为 A、B、C 三个基本类（实际上还有 D 类和 E 类，这两类很少用到）。人们平时使用点分十进制的形式来表示 IP 地址，TCP/

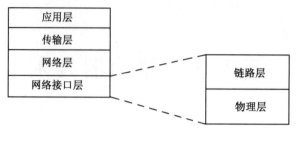

图 3.1

IP 还允许使用掩码来将 IP 地址非标准地（意指与三种基本类不同）划分为网络部分和主机部分。如果用二进制表示掩码，那么 IP 地址中与掩码中的"1"相对应的部分属于网络部分，与"0"相对应的部分属于主机部分。掩码的习惯表示法也是点分十进制。网络中的设备相互通信主要是用它们的 IP 地址，路由器只能根据具体的 IP 地址来转发数据。IP 地址由网络地址和主机地址两部分组成，在 Internet 中由子网掩码来确定网络地址和主机地址，在 IPv4 中子网掩码与 IP 地址一样都是 32 位的，并且这两者是一一对应的，子网掩码中"1"对应 IP 地址中的网络地址，"0"对应的是主机地址，网络地址和主机地址就构成了一个完整的 IP 地址。在同一个网络中，IP 地址的网络地址必须是相同的。计算机之间的通信只能在具有相同网络地址的 IP 地址之间进行，如果想要与其他网段的计算机进行通信，那么必须经过路由器转发出去。不同网络地址的 IP 地址是不能直接通信的，路由器的多个端口可以连接多个网段，每个端口的 IP 地址的网络地址都必须与所连接的网段的网络地址一致。不同端口的网络地址是不同的，所对应的网段也是不同的，这样才能使各个网段中的主机通过自己网段的 IP 地址把数据发送到路由器上。

路由器分本地路由器和远程路由器。本地路由器用来连接网络传输介质，如光纤、同轴电缆、双绞线；远程路由器用来连接远程传输介质，并要求相应的设备，如电话线要配调制解调器，无线要通过无线接收机、发射机。路由器是互联网的主要节点设备。路由器通过路由决定数据的转发，转发策略称为路由选择（routing），这也是路由器名称的由来（router，转发者）。作为不同网络之间互相连接的枢纽，路由器系统构成了基于 TCP/IP 的国际互联网络 Internet 的主体脉络，也可以说，路由器构成了 Internet 的骨架。它的处理速度是网络通信的主要瓶颈之一，它的可靠性则直接影响着网络互联的质量。因此，在园区网、地区网乃至整个 Internet 研究领域中，路由器技术始终处于核心地位，其发展历程和方向成为整个 Internet 研究的一个缩影。在当前我国网络基础建设和信息建设方兴未艾之际，探讨路由器在互联网络中的作用、地位及其发展方向，对于国内的网络技术研究、网络建设，以及明确网络市场上对于路由器和网络互联的各种似是而非的概念，都有重要的意义。一条路由主要包括目的地址和下一跳两部分。目的（记作 D）可以是一台主机，也可以是某个网络，还可以是某个网络的一个子集。下一跳（记作 N）是直译，英文称为"next-hop"，路由信息所表示的意思就是要到达 D，先要去 N。路由的目的是一个复合成员，由一个 IP 地址和一个掩码组成。目的掩码为全"1"（255.255.255.255）的路由俗称主机路由，它的目的地是一台主机，如果目的掩码不是全"1"，那么该路由是要去往某个网段（子网）。根据下一跳的性质可以将路由分为直接路由和间接路由两类。如果到达目的地需要经过路由器转发，即下一跳是一台路由器，那么该路由称为间接路由；否则称为直接路由。

路由器获得路由的方式主要有手工配置（静态路由）和路由协议（动态路由）两种。静态路由主要用于规模较小、相对稳定的网络。如果网络规模较大或经常变动，如经常增减网络、主机等，就需要路由协议。常见的路由协议有 RIP（route information protocol）、IGRP（interior gateway routing protocol）、EIGRP（enhanced IGRP）、OSPF（open shortest path first）。前三种都使用 VD 算法，OSPF 使用 LS 算法。IGRP 和 EIGRP 都是 CISCO 的标准。路由器里也有软件在运行，像 PC 上使用的 Windows 操作系统一样。路由器的操作系统完成路由表的生成和维护。同样的，路由器也有一个类似于 PC 系统中 BIOS 一样作用的部分，叫作 MiniIOS。MiniIOS 可以使我们在路由器的 FLASH 中不存在 ISO 时，先引导起来，进入恢复模式，来使用 TFTP 或 X-MODEM 等方式去给 FLASH 中导入 ISO 文件。所以，路由器的启动过程如下：

路由器在加电后会进行上电自检（power on self test，POST），对硬件进行检测。POST 完成后，读取 ROM 里的 BootStrap 程序进行初步引导。初步引导完成后，尝试定位并读取完整的 ISO 镜像文件。在这里，路由器将会首先在 FLASH 中查找 ISO 文件。如果找到了 ISO 文件，先读取 ISO 文件，然后引导路由器；如果在 FLASH 中没有找到 ISO 文件，那么路由器将会进入 BOOT 模式，在 BOOT 模式下可以使用 TFTP 上的 ISO 文件，或者使用 TFTP/X-MODEM 来给路由器的 FLASH 中传一个 ISO 文件。传输完毕后重新启动路由器，路由器就可以正常启动到 CLI 模式。当路由器初始化完成 ISO 文件后，就会开始在 NVRAM 中查找 STARTUP-CONFIG 文件，STARTUP-CONFIG 叫作启动配置文件。该文件里保存了人们对路由器所做的所有的配置和修改。当路由器找到了这个文件后，路由器就会加载该文件里的所有配置，并且根据配置来学习、生成、维护路由表，并将所有的配置加载到 RAM（路由器的内存）里，然后进入用户模式，完成启动过程。如果在 NVRAM 里没有 STARTUP-CONFIG 文件，那么路由器会进入询问配置模式，也就是俗称的问答配置模式。在该模式下所有关于路由器的配置都可以以问答的形式进行配置，不过一般情况下不用这样的模式。一般会进入 CLI 模式对路由器进行配置。

其他端口一般指控制端口，由于路由器本身不带有输入和终端显示设备，但它需要进行必要的配置后才能正常使用，所以一般的路由器都带有一个控制端口"Console"，用来与计算机或终端设备进行连接，通过特定的软件来进行路由器的配置。所有路由器都安装了控制台端口，使用户或管理员能够利用终端与路由器进行通信，从而完成路由器的配置。该端口提供了一个 EIA/TIA-232 异步串行接口，用于在本地对路由器进行配置（首次配置必须通过控制台端口进行）。Console 端口使用配置专用连线直接连接至计算机串口，利用终端仿真程序（如 Windows 下的"超级终端"）进行路由器本地配置，路由器的 Console 端口多为 RJ-45 端口。

3.1.2　路由器的种类与作用

互联网各种级别的网络中随处都可见到路由器。接入网络使得家庭和小型企业可以连接到某个互联网服务提供商；企业网中的路由器连接一个校园或企业内成千上万的计算机；骨干网上的路由器终端系统通常不能直接访问，它们连接长距离骨干网上的 ISP 和企业网络。互联网的快速发展无论是对骨干网、企业网还是对接入网都带来了不小的挑战。骨干网要求路由器能对少数链路进行高速路由转发。企业级路由器不但要求端口数目多、价格低廉，而且要求配置起来简单方便，并提供 QoS。

接入路由器连接家庭或 ISP 内的小型企业客户。接入路由器已经开始不只是提供 SLIP 或 PPP 连接，还支持诸如 PPTP 和 IPSec 等虚拟私有网络协议。这些协议要能在每个端口上运行。诸如 ADSL 等技术将很快提高各家庭的可用带宽，这将进一步增加接入路由器的负担。由于这些趋势，接入路由器将来会支持许多异构和高速端口，并在各个端口能够运行多种协议，同时还要避开电话交换网。

企业或校园级路由器连接许多终端系统，其主要目标是以尽量便宜的方法实现尽可能多的端点互联，并且进一步要求支持不同的服务质量。许多现有的企业网络都是由 HUB 或网桥连接起来的以太网段。尽管这些设备价格便宜、易于安装、无须配置，但是它们不支持服务等级。相反，有路由器参与的网络能够将机器分成多个碰撞域，并因此能够控制一个网络的大小。此外，路由器还支持一定的服务等级，至少允许分成多个优先级别。但是路由器的每端口造价要贵些，并且在能够使用之前要进行大量的配置工作。因此，企业路由器的成败就在于是否能提供大量端口且每端口的造价是否很低，是否容易配置，是否支持 QoS？另外，还要求企业级路由器有效地支持广播和组播。企业网络还要处理历史遗留的各种 LAN 技术，支持多种协议，包括 IP，IPX，Vine。它们还要支持防火墙、包过滤以及大量的管理和安全策略及 VLAN。

骨干级路由器实现企业级网络的互联。对它的要求是速度和可靠性，而代价则处于次要地位。硬件可靠性可以采用电话交换网中使用的技术，如热备份、双电源、双数据通路等来获得。这些技术对所有骨干路由器而言差不多是标准的。骨干 IP 路由器的主要性能瓶颈是在转发表中查找某个路由所耗的时间。当收到一个包时，输入端口在转发表中查找该包的目的地址以确定其目的端口，当包越短或者当包要发往许多目的端口时，势必增加路由查找的代价。因此，将一些常访问的目的端口放到缓存中能够提高路由查找的效率。不管是输入缓冲还是输出缓冲路由器，都存在路由查找的瓶颈问题。除了性能瓶颈问题，路由器的稳定性也是一个常被忽视的问题。

　　在未来核心互联网使用的三种主要技术中，光纤和 DWDM 已经是很成熟的并且是现成的技术。如果没有与现有的光纤技术和 DWDM 技术提供的原始带宽对应的路由器，新的网络基础设施将无法从根本上得到性能的改善，因此开发高性能的骨干交换/路由器（太比特路由器）已经成为一项迫切的要求。太比特路由器技术现在还处于开发实验阶段。

　　路由器的一个作用是连通不同的网络，另一个作用是选择信息传送的线路。选择通畅快捷的近路，能大大提高通信速度，减轻网络系统通信负荷，节约网络系统资源，提高网络系统畅通率，从而让网络系统发挥更大的效益。

　　从过滤网络流量的角度来看，路由器的作用与交换机和网桥非常相似。但是与工作在网络物理层，从物理上划分网段的交换机不同，路由器使用专门的软件协议从逻辑上对整个网络进行划分。例如，一台支持 IP 协议的路由器可以把网络划分成多个子网段，只有指向特殊 IP 地址的网络流量才可以通过路由器。对于每一个接收到的数据包，路由器都会重新计算其校验值，并写入新的物理地址。因此，使用路由器转发和过滤数据的速度往往要比只查看数据包物理地址的交换机慢。但是，对于那些结构复杂的网络，使用路由器可以提高网络的整体效率。路由器的另外一个明显优势就是可以自动过滤网络广播。从总体上说，在网络中添加路由器的整个安装过程要比即插即用的交换机复杂很多。

　　一般说来，异种网络互联与多个子网互联都应采用路由器来完成。路由器的主要工作就是为经过路由器的每个数据帧寻找一条最佳传输路径，并将该数据有效地传送到目的站点。由此可见，选择最佳路径的策略即路由算法是路由器的关键所在。为了完成这项工作，路由器中保存着各种传输路径的相关数据——路径表（routing table），供路由选择时使用。路径表中保存着子网的标志信息、网上路由器的个数和下一个路由器的名字等内容。路径表可以由系统管理员固定设置好，也可以由系统动态修改；可以由路由器自动调整，也可以由主机控制。由系统管理员事先设置好固定的路径表称为静态（static）路径表，一般是在系统安装时就根据网络的配置情况预先设定的，它不会随未来网络结构的改变而改变。动态（dynamic）路径表是路由器根据网络系统的运行情况而自动调整的路径表。路由器根据路由选择协议（routing protocol）提供的功能，自动学习和记忆网络运行情况，在需要时自动计算数据传输的最佳路径。

3.1.3　路由器体系结构与基本协议

　　从体系结构上看，路由器可以分为第一代单总线单 CPU 结构路由器、第二代单总线主从 CPU 结构路由器、第三代单总线对称式多 CPU 结构路由器、第四代多总线多 CPU 结构路由器、第五代共享内存式结构路由器、第六代交叉开关体系结构路由器和基于机群系统的路由器等多类。

　　路由器具有四个要素：输入端口、输出端口、交换开关和路由处理器。输入端口是物理链路和输入包的进口处。端口通常由线卡提供，一块线卡一般支持 4，8 或 16 个端口，一个输入端口具有许多功能。第一个功能是进行数据链路层的封装和解封装。第二个功能是在转发表中查找输入包目的地址从而决定目的端口（称为路由查找），路由查找可以使用一般的硬件来实现，或者通过在每块线卡上嵌入一个微处理器来完成。第三，为了提供 QoS（服务质量），端口要对收到的包分成几个预定义的服务级别。第四，端口可能需要运行诸如 SLIP（串行线网际协议）和 PPP（点对点协议）这样的数据链路级协议或者诸如 PPTP（点对点隧道协议）这样的网络级协议。一旦路由查找完成，必须用交换开关将包送到其输出端口。如果路由器是输入端加队列的，那么有几个输入端共享同一个交换开关。这样输入端口的最后一项功能是参加对公共资源（如交换开关）的仲裁协议。交换开关可以使用多种不同的技术来实现。迄今为止使用最多的交换开关技术是总线、交叉开关和共享存储器。最简单的开关使用一条总线来连接所有输入和输出端口，总线开关的缺点是其交换容量受限于总线的容量以及为共享总线仲裁所带来的额外开销。交叉开关通过开关提供多条数据通路，具有 $N×N$ 个交叉点的交叉开关可以被认为具有 $2N$ 条总线。如果一个交叉是闭合的，输入总线上的数据在输出总线上可用，否则不可用。交叉点的闭合与打开由调度器来控制，因此，调度器限制了交换开关的速度。在共享存储器路由器中，进来的包被存储在共享存储器中，所交换的仅是包的指针，这提高了交换容量，但是，开关的速度受限于存储器的存取速度。尽管存储器容量每 18 个月能够翻一番，但存储器的存取时间每年仅降低 5%，这是共享存储器交换开关的一个固有限制。输出端口在包被发送到输出链路之前对包存储，可以实现复杂的调度算法以支持优先级等要求。与输入端口一样，输出端口同样要能支持数据链路层的封装和解封装，以及许多较高级协议。路由处理器计算转发表实现路由协议，并运行对路由器进行配置和管理的软件。同时，它还处理那些目的地址不在线卡转发表中的包。

虚拟专用网（virtual private network，VPN）解决方案是路由器具有的重要功能之一。其解决方案大致如下。

3.1.3.1 访问控制

一般分为 PAP（口令认证协议）和 CHAP（高级口令认证协议）两种协议。PAP 要求登录者向目标路由器提供用户名和口令，只有与其访问列表中的信息相符才允许其登录。它虽然提供了一定的安全保障，但用户登录信息在网上无加密传递，易被人窃取。CHAP 便应运而生，它把随机初始值与用户原始登录信息（用户名和口令）经 Hash 算法翻译后形成新的登录信息。这样在网上传递的用户登录信息对黑客来说是不透明的，且由于随机初始值每次不同，用户每次的最终登录信息也会不同，即使某一次用户登录信息被窃取，黑客也不能重复使用。需要注意的是，由于各厂商采取各自不同的 Hash 算法，所以 CHAP 无互操作性可言。要建立 VPN 需要 VPN 两端放置相同品牌的路由器。

3.1.3.2　数据加密

在加密过程中，加密位数是一个很重要的参数，它直接关系解密的难易程度，其中 Intel 9000 系列路由器表现最为优异，为一百多位加密。

3.1.3.3　网络地址转换协议（network address translation，NAT）

如同用户登录信息一样，IP 和 MAC 地址在网上无加密传递也很不安全。NAT 可把合法 IP 地址和 MAC 地址翻译成非法 IP 地址和 MAC 地址在网上传递，到达目标路由器后反翻译成合法 IP 与 MAC 地址。这一过程有点像 CHAP，翻译算法厂商各自有不同标准，不能实现互操作。

服务质量（quality of service，QoS）本来是 ATM 中的专用术语，在 IP 上原来是不谈 QoS 的，但利用 IP 传递 VOD 等多媒体信息的应用越来越多，IP 作为一个打包的协议显得有点力不从心，延迟长且不为定值，丢包造成信号不连续且失真大。为解决这些问题，厂商提供了若干解决方案。第一种方案是基于不同对象的优先级，某些设备（多为多媒体应用）发送的数据包可以后到先传。第二种方案是基于协议的优先级，用户可定义哪种协议优先级高，可后到先传，Intel 和 Cisco 都支持。第三种方案是做链路整合（multi link point to point protocol，MLPPP），Cisco 支持可通过将连接两点的多条线路做带宽汇聚，从而提高带宽。第四种方案是做资源预留（resource reservation protocol，RSVP），它将一部分带宽固定地分给多媒体信号，其他协议无论如何拥挤，也不得占用这部分带宽。这几种解决方案都能有效地提高传输质量。

互联网上现在大量运行的路由协议有路由信息协议（routing information protocol，RIP）、开放式最短路优先（open shortest path first，OSPF）和边界网关协议（border gateway protocol，BGP）。RIP 和 OSPF 是内部网关协议，适用于单个 ISP 的统一路由协议的运行，由一个 ISP 运营的网络称为一个自治系统。BGP 是自治系统间的路由协议，是一种外部网关协议。RIP 是推出时间最长的路由协议，也是最简单的路由协议。它主要传递路由信息（路由表）来广播路由。每隔 30 秒，广播一次路由表，维护相邻路由器的关系，同时根据收到的路由表计算自己的路由表。RIP 运行简单，适用于小型网络，互联网上还在部分使用着 RIP。OSPF 协议是"开放式最短路优先"的缩写。"开放"是针对当时某些厂家的"私有"路由协议而言的，而正是因为协议开放性，才使得 OSPF 具有强大的生命力和广泛的用途。它通过传递链路状态（连接信息）来得到网络信息，维护一张网络有向拓扑图，利用最小生成树算法得到路由表。OSPF 是一种相对复杂的路由协议。总的来说，OSPF 和 RIP 都是自治系统内部的路由协议，适合单一的 ISP（自治系统）使用。一般说来，整个互联网并不适合跑单一的路由协议，因为各 ISP 有自己的利益，不愿意提供自身网络详细的路由信息。为了保证各 ISP 利益，标准化组织制定了 ISP 间的路由协议 BGP。BGP 处理各 ISP 之间的路由传递。其特点是有丰富的路由策略，这是 RIP 和 OSPF 等协议无法做到的，因为它们需要全局的信息计算路由表。BGP 通过 ISP 边界的路由器加上一定的策略，选择过滤路由，把 RIP，OSPF，BGP 等的路由发送到对方。全局范围的、广泛的互联网是 BGP 处理多个 ISP 之间的路由的实例。BGP 的出现，引起了互联网的重大变革，它把多个 ISP 有机地连接起来，真正成为全球范围内的网络。带来的副作用是互联网的路由爆炸，现在互联网的路由大概是 6 万条，这还是经过"聚合"后的数字。配置 BGP 需要对用户需求、网络现状和 BGP 协议非常了解，还需要非常小心，BGP 运行在相对核心的地位，一旦出错，其造成的损失可能会很大。

迅速发展中的互联网将不再是仅仅连接计算机的网络，它将发展成能同电话网、有线电视网类似的信息通信基础设施。因此，正在使用的 IP（互联网协议）已经难以胜任，人们迫切希望下一代 IP 即 IPv6 的出现。IPv6 是 IP 的一种版本，在互联网通信协议 TCP/IP 中，是 OSI 模型第三层（网络层）的传输协议。它同目前广泛使用的、1974 年便提出的 IPv4 相比，地址由 32 位扩充到 128 位。从理论上说，地址的数量由原先的 $4.3×10^9$ 个增加到 $4.3×10^{38}$ 个。之所以必须从现行的 IPv4 改用 IPv6，主要有以下两个原因。

（1）随着互联网的迅速发展，地址数量已经不够用，这使得网络管理花费的精力和费用令人难以承受。地址的枯竭是促使向拥有 128 位地址空间过渡的首要原因。

（2）随着主机数目的增加，决定数据传输路由的路由表在不断加大。路由器的处理性能跟不上这种迅速增长。长此以往，互联网连接将难以提供稳定的服务。经由 IPv6，路由数可以减少一个数量级。

为了使互联网连接许多东西变得简单，而且使用容易，必须采用 IPv6。IPv6 之所以能做到这一点，是因为它使用了四种技术：地址空间的扩充、可使路由表减小的地址构造、自动设定地址以及提高安全保密性。IPv6 在路由技术上继承了 IPv4 的有利方面，代表未来路由技术的发展方向，许多路由器厂商目前已经投入很大力量以生产支持 IPv6 的路由器。当然，IPv6 也有一些值得注意和效率不高的地方，IPv4/NAT 和 IPv6 将会共存相当长的一段时间。

3.1.4　路由器的选取

选择路由器时应注意安全性、控制软件、网络扩展能力、网管系统、带电插拔能力等方面。由于路由器是网络中比较关键的设备，针对网络存在的各种安全隐患，路由器必须具有如下安全特性。

（1）可靠性与线路安全。可靠性要求是针对故障恢复和负载能力而提出来的。对于路由器来说，可靠性主要体现在接口故障和网络流量增大两种情况，为此，备份是路由器不可或缺的手段之一。当主接口出现故障时，备份接口自动投入工作，保证网络的正常运行。当网络流量增大时，备份接口又可承担负载分担的任务。

（2）身份认证。路由器中的身份认证主要包括访问路由器时的身份认证、对端路由器的身份认证和路由信息的身份认证。

（3）访问控制。对于路由器的访问控制，需要进行口令的分级保护。有基于 IP 地址的访问控制和基于用户的访问控制。

（4）信息隐藏。与对端通信时，不一定需要用真实身份进行通信。通过地址转换，可以做到隐藏网内地址，只以公共地址的方式访问外部网络。除了由内部网络首先发起的连接，网外用户不能通过地址转换直接访问网内资源。

（5）数据加密。

（6）攻击探测和防范。

（7）安全管理。

路由器的控制软件是路由器发挥功能的一个关键环节。从软件的安装、参数自动设置，到软件版本的升级都是必不可少的。软件安装、参数设置及调试越方便，用户使用就越容易掌握，就越能更好地应用。随着计算机网络应用的逐渐增加，现有的网络规模有可能不能满足实际需要，会产生扩大网络规模的要求，因此扩展能力是一个网络在设计和建设过程中必须要考虑的。扩展能力的大小主要看路由器支持的扩展槽数目或者扩展端口数目。随着网络的建设，网络规模会越来越大，网络的维护和管理就越来越难进行，所以网络管理显得尤为重要。在安装、调试、检修和维护或者扩展计算机网络的过程中，免不了要给网络中增减设备，也就是说可能会要插拔网络部件。那么路由器能否支持带电插拔，是路由器的一个重要的性能指标。

如果网络已完成楼宇级的综合布线，工程要求网络设备上机式集中管理，应选择19 英寸宽的机架式路由器，如 Cisco 2509、华为 2501。如果没有上述需求，桌面型的路由器如 Intel 8100 和 Cisco 1600 系列，具有更高的性能价格比。由于最初局域网并没先出标准后出产品，所以很多厂商如 Apple 和 IBM 都提出了自己的标准，产生了如 Apple-Talk 和 IBM 协议、Novell 公司的网络操作系统运行 IPX/SPX 协议，在连接这些异构网络时需要路由器对这些协议提供支持。

路由器作为网络设备中的"黑匣子"，工作在后台。用户选择路由器时，多从技术角度来考虑，如可延展性、路由协议互操作性、广域数据服务支持、内部 ATM 支持、SAN 集成能力等。另外，选择路由器还应遵循如下基本原则：标准化原则、技术简单性原则、环境适应性原则、可管理性原则和容错冗余性原则。对于高端路由器，更多的还应该考虑是否和如何适应骨干网对网络高可靠性、接口高扩展性以及路由查找和数据转发的高性能要求。高可靠性、高扩展性和高性能的"三高"特性是高端路由器区别于中低端路由器的关键所在。

3.2 路由器的基本配置

路由器的配置对于网络工程设计来说是一项非常重要的工作。路由器配置可以用如图 3.2 的 5 种方式来进行。

（1）Console 口接终端或运行终端仿真软件的微机。

（2）AUX 口接 MODEM，通过电话线与远方的终端或运行终端仿真软件的微机相连。

（3）通过 Ethernet 上的 TFTP 服务器。

（4）通过 Ethernet 上的 TELNET 程序。

（5）通过 Ethernet 上的 SNMP 网管工作站。

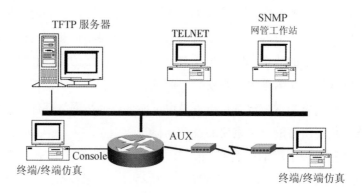

图 3.2

路由器的第一次设置必须通过第一种方式进行，此时终端的硬件设置如下。

① 波特率：9600。

② 数据位：8。

③ 停止位：1。

④ 奇偶校验：无。

3.2.1 路由器的对话方式设置

利用对话方式对路由器进行设置可以避免手工输入命令的烦琐，但它还不能完全代替手工设置，一些特殊的设置还必须通过手工输入的方式来完成。一台新的路由器开机后即进入对话设置方式，进入对话设置方式后，路由器会显示一些提示信息：

——System Configuration Dialog——

At any point you may enter a question mark'？' for help.

Use ctrl-c to abort configuration dialog at any prompt.

Default settings are in square brackets '[ ]'.

在设置对话过程中的任何地方都可以键入"?"得到系统的帮助，按 Ctrl-C 可以退出设置过程，缺省设置将显示在"［ ］"中。然后路由器会问是否进入设置对话：

Would you like to enter the initial configuration dialog? ［yes］：

如果按 y 或 Enter 键，路由器就会进入设置对话过程。首先可以看到各端口当前的状况：

First，would you like to see the current interface summary? ［yes］：

Any interface listed with OK? value "NO" does not have a valid configuration.

然后，路由器就开始全局参数的设置：

Configuring global parameters：

设置路由器名：

Enter host name ［Router］：

设置进入特权状态的密文（secret），此密文在设置以后不会以明文方式显示：

The enable secret is a one-way cryptographic secret used instead of the enable password when it exists.

Enter enable secret：cisco

设置进入特权状态的密码（password），此密码只在没有密文时起作用，并且在设置以后会以明文方式显示：

The enable password is used when there is no enable secret and when using older software and some boot images.

Enter enable password：pass

设置虚拟终端访问时的密码：

Enter virtual terminal password：cisco

询问是否要设置路由器支持的各种网络协议：

Configure SNMP Network Management? ［yes］：

Configure DECnet? ［no］：

Configure AppleTalk? ［no］：

Configure IPX? ［no］：

Configure IP? ［yes］：

Configure IGRP routing? ［yes］：

Configure RIP routing? ［no］：

………

如果配置的是拨号访问服务器，系统还会设置异步口的参数：

Configure Async lines? ［yes］：

设置线路的最高速度：

Async line speed ［9600］：

是否使用硬件流控：

Configure for HW flow control? ［yes］：

是否设置 modem：

Configure for modems? ［yes/no］：yes

是否使用默认的 modem 命令：

Configure for default chat script? ［yes］：

是否设置异步口的 PPP 参数：

Configure for Dial-in IP SLIP/PPP access? ［no］：yes

是否使用动态 IP 地址：

Configure for Dynamic IP addresses? ［yes］：

是否使用缺省 IP 地址：

Configure Default IP addresses? ［no］：yes

是否使用 TCP 头压缩：

Configure for TCP Header Compression? ［yes］：

是否在异步口上使用路由表更新：

Configure for routing updates on async links? ［no］：yes

是否设置异步口上的其他协议。

接下来，系统会对每个接口进行参数的设置。

Configuring interface Ethernet0：

是否使用此接口：

Is this interface in use? ［yes］：

是否设置此接口的 IP 参数：

Configure IP on this interface? ［yes］：

设置接口的 IP 地址：

IP address for this interface：192.168.162.2

设置接口的 IP 子网掩码：

Number of bits in subnet field ［0］：

Class C network is 192.168.162.0，0 subnet bits；mask is /24

在设置完所有接口的参数后，系统会把整个设置对话过程的结果显示出来：

The following configuration command script was created：

hostname Router

enable secret 5 ＄1＄W5Oh＄p6J7tIgRMBOIKVXVG53Uh1

enable password pass

…………

请注意在 enable secret 后面显示的是乱码，而 enable password 后面显示的是设置的内容。显示结束后，系统会问是否使用这个设置：

Use this configuration？［yes/no］：yes

如果回答 yes，系统会把设置的结果存入路由器的 NVRAM 中，然后结束设置对话过程，使路由器开始正常的工作。

3.2.2　路由器的命令方式设置

想要很好地对路由器进行设置必须掌握路由器的设置命令，在介绍路由器的设置命令之前，要掌握下面路由器的各种设置命令状态：

router>

路由器处于用户命令状态，这时用户可以看路由器的连接状态，访问其他网络和主机，但不能看到和更改路由器的设置内容。

router#

在 router>提示符下键入 enable，路由器进入特权命令状态 router#，这时不但可以执行所有的用户命令，还可以看到和更改路由器的设置内容。

router（config）#

在 router#提示符下键入 configure terminal，出现提示符 router（config）#，此时路由器处于全局设置状态，这时可以设置路由器的全局参数。

router（config-if）#；

router（config-line）#；

router（config-router）#；

路由器处于局部设置状态，这时可以设置路由器某个局部的参数。

>

路由器处于 RXBOOT 状态，开机后 60 秒内按 Ctrl-Break 可进入此状态，这时路由器不能完成正常的功能，只能进行软件升级和手工引导。

设置对话状态是一台新路由器开机时自动进入的状态，在特权命令状态使用 SETUP 命令也可进入此状态，这时可通过对话方式对路由器进行设置。

掌握了以上路由器的各种设置命令状态后，还要掌握如下的路由器设置帮助命令：

?

在 IOS 操作中，无论任何状态和位置，都可以键入"?"得到系统的帮助。

改变命令状态如表 3.1 所示。

表 3.1

任务	命令
进入特权命令状态	enable
退出特权命令状态	disable
进入设置对话状态	setup
进入全局设置状态	config terminal
退出全局设置状态	end
进入端口设置状态	interface type slot/number
进入子端口设置状态	interface type number. subinterface [point-to-point ∣ multipoint]
进入线路设置状态	line type slot/number
进入路由设置状态	router protocol
退出局部设置状态	exit

显示命令如表 3.2 所示。

表 3.2

任务	命令
查看版本及引导信息	show version
查看运行设置	show running-config
查看开机设置	show startup-config
显示端口信息	show interface type slot/number
显示路由信息	show ip router

拷贝命令用于 IOS 及 CONFIG 的备份和升级。

网络命令如表 3.3 所示。

表 3.3

任务	命令
登录远程主机	telnet hostname∣ IP address
网络侦测	ping hostname∣ IP address
路由跟踪	trace hostname∣ IP address

基本设置命令如表 3.4 所示。

表 3.4

任务	命令
全局设置	config terminal
设置访问用户及密码	username username password password

表3.4(续)

任务	命令
设置特权密码	enable secret password
设置路由器名	hostname name
设置静态路由	ip route destination subnet-mask next-hop
启动 IP 路由	ip routing
启动 IPX 路由	ipx routing
端口设置	interface type slot/number
设置 IP 地址	ip address address subnet-mask
设置 IPX 网络	ipx network network
激活端口	no shutdown
物理线路设置	line type number
启动登录进程	login〔local｜tacacs server〕
设置登录密码	password password

3.2.3　路由器的 IP 寻址与静态路由设置

通过前面的学习已经知道 IP 地址分为网络地址和主机地址两个部分，A 类地址前 8 位为网络地址，后 24 位为主机地址；B 类地址前 16 位为网络地址，后 16 位为主机地址；C 类地址前 24 位为网络地址，后 8 位为主机地址。网络地址范围如表 3.5 所示。

表 3.5

种类	网络地址范围
A	1.0.0.0 到 126.0.0.0 有效 0.0.0.0 和 127.0.0.0 保留
B	128.1.0.0 到 191.254.0.0 有效 128.0.0.0 和 191.255.0.0 保留
C	192.0.1.0 到 223.255.254.0 有效 192.0.0.0 和 223.255.255.0 保留
D	224.0.0.0 到 239.255.255.255 用于多点广播
E	240.0.0.0 到 255.255.255.254 保留 255.255.255.255 用于广播

首先要分配接口 IP 地址，命令如表 3.6 所示。

表 3.6

任务	命令
接口设置	interface type slot/number
为接口设置 IP 地址	ip address ip-address mask

掩码（mask）用于识别 IP 地址中的网络地址位数，IP 地址（ip-address）和掩码相与即得到网络地址。通过使用可变长的子网掩码可以让位于不同接口的同一网络编号的网络使用不同的掩码，这样可以节省 IP 地址，充分利用有效的 IP 地址空间，如图 3.3 所示。

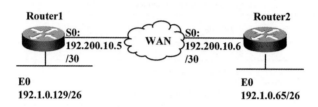

图 3.3

Router1 和 Router2 的 E0 端口均使用 C 类地址 192.1.0.0 作为网络地址，Router1 的 E0 的网络地址为 192.1.0.128，掩码为 255.255.255.192，Router2 的 E0 的网络地址为 192.1.0.64，掩码为 255.255.255.192，这样就将一个 C 类网络地址分配给了两个网，即划分了两个子网，起到了节约地址的作用。

NAT 起到将内部私有地址翻译成外部合法全局地址的作用，它使得不具有合法 IP 地址的用户可以通过 NAT 访问到外部 Internet。当建立内部网的时候，建议使用以下地址组用于主机，这些地址是由 Network Working Group（RFC 1918）保留用于私有网络地址分配的。如图 3.4 所示，路由器的 E0 端口为 inside 端口，即此端口连接内部网络，并且此端口所连接的网络应该被翻译，Serial 0 端口为 outside 端口，其拥有合法 IP 地址（由 NIC 或服务提供商所分配的合法的 IP 地址），来自网络 10.0.0.0/24 的主机将从 IP 地址池 c2501 中选择一个地址作为自己的合法地址，经由 Serial 0 口访问 Internet。

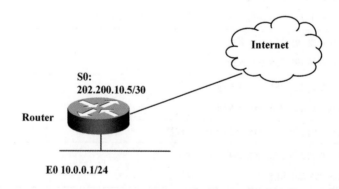

图 3.4

命令 ip nat inside source list 2 pool c2501 overload 中的参数 overload，将允许多个内部地址使用相同的全局地址（一个合法 IP 地址，它是由 NIC 或服务提供商所分配的地址）。命令 ip nat pool c2501 202.96.38.1 202.96.38.62 netmask 255.255.255.192 定义了全局地址的范围。设置命令如下：

ip nat pool c2501 202. 96. 38. 1 202. 96. 38. 62 netmask 255. 255. 255. 192

interface Ethernet 0

ip address 10. 0. 0. 1 255. 255. 255. 0

ip nat inside

!

interface Serial 0

ip address 202. 200. 10. 5 255. 255. 255. 252

ip nat outside

!

ip route 0. 0. 0. 0 0. 0. 0. 0 Serial 0

access-list 2 permit 10. 0. 0. 0 0. 0. 0. 255

! Dynamic NAT

!

ip nat inside source list 2 pool c2501 overload

line console 0

exec-timeout 0 0

!

line vty 0 4

end

路由器通过配置静态路由，可以人为地指定对某一网络访问时所要经过的路径，在网络结构比较简单，且一般到达某一网络所经过的路径唯一的情况下宜采用静态路由。建立静态路由命令如下：

ip route prefix mask {address | interface} [distance] [tag tag] [permanent]

其中：

prefix：所要到达的目的网络

mask：子网掩码

address：下一个跳的 IP 地址，即相邻路由器的端口地址

interface：本地网络接口

distance：管理距离（可选）

tag tag：tag 值（可选）

permanent：指定此路由即使该端口关掉也不被移掉。

如图 3.5 所示，在 Router1 上设置访问 192. 1. 0. 64/26 这个网下一跳地址为 192. 200. 10. 6，即当有目的地址属于 192. 1. 0. 64/26 的网络范围的数据报时，应将其路由到地址为 192. 200. 10. 6 的相邻路由器。在 Router3 上设置访问 192. 1. 0. 128/26 及 192. 200. 10. 4/30 这两个网下一跳地址为 192. 1. 0. 65。由于在 Router1 上端口 Serial 0 地

址为 192.200.10.5，192.200.10.4/30 这个网属于直连的网，已经存在访问 192.200.10.4/30 的路径，所以不需要在 Router1 上添加静态路由。

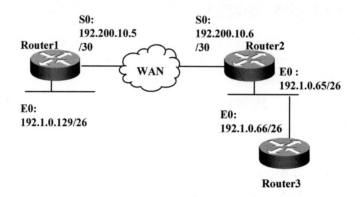

图 3.5

设置命令如下：

Router1：

ip route 192.1.0.64 255.255.255.192 192.200.10.6

Router3：

ip route 192.1.0.128 255.255.255.192 192.1.0.65

ip route 192.200.10.4 255.255.255.252 192.1.0.65

同时，由于路由器 Router3 除了与路由器 Router2 相连外，不再与其他路由器相连，所以也可以为它赋予一条默认路由以代替以上的两条静态路由。命令如下：

ip route 0.0.0.0 0.0.0.0 192.1.0.65

即只要没有在路由表里找到去特定目的地址的路径，则数据均被路由到地址为 192.1.0.65 的相邻路由器。

3.3 路由器的高级配置

在前面的章节中，我们已经介绍了路由器的一些基本设置，本节做一些补充，着重讲一下在网络工程设计中经常用到的几个路由器高级配置。

3.3.1 路由协议配置

路由协议是通过在路由器之间共享路由信息来支持可路由的协议。路由信息在相邻路由器之间传递，确保所有路由器都知道到其他路由器的路径。路由协议创建了路由表，描述了网络拓扑结构。路由协议与路由器协同工作，执行路由选择和数据包转发功能。

　　路由协议作为 TCP/IP 协议族中的重要成员之一，其选路过程实现的好坏会影响整个网络的运行效率。按照应用范围的不同，路由协议可分为两类：在同一个自治系统（autonomous system，AS，有权自主地决定在本系统中应采用何种路由协议）内的路由协议称为内部网关协议（interior gateway protocol，IGP），AS 之间的路由协议称为外部网关协议（exterior gateway protocol，EGP）。常用的内部网关路由协议有 RIP，IGRP 和 OSPF，下面就逐一加以介绍。

3.3.1.1　RIP 协议

　　RIP（routing information protocol）是应用较早、使用较普遍的内部网关协议，适用于小型同类网络，是典型的距离向量协议。RIP 协议采用距离向量算法，在默认情况下，RIP 使用一种非常简单的度量制度：距离就是通往目的站点所需经过的链路数，取值为 0~16，数值 16 表示路径无限长。RIP 进程使用 UDP 的 520 端口来发送和接收 RIP 分组。RIP 分组每隔 30 秒以广播的形式发送一次，为了防止出现"广播风暴"，其后续的分组将做随机延时后发送。在 RIP 中，如果一个路由在 180 秒内未被刷新，那么相应的距离就被设定成无穷大，并从路由表中删除该表项。RIP 分组分为两种：请求分组和响应分组。

　　Cisco 路由器有关 RIP 路由协议的命令如表 3.7 所示。

表 3.7

任务	命令
指定使用 RIP 协议	router rip
指定 RIP 版本	version {1	2} 1
指定与该路由器相连的网络	network network

　　以图 3.6 所示网络为例来说明 RIP 路由协议的配置。

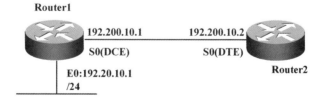

图 3.6

配置命令如下：

Router1：

router rip

version 2

network 192. 200. 10. 0

network 192. 20. 10. 0

！

相关调试命令：

show ip protocol

show ip route

3.3.1.2　IGRP 协议

IGRP（interior gateway routing protocol）是一种动态距离向量路由协议，它由 Cisco 公司于 20 世纪 80 年代中期设计。使用组合用户配置尺度，包括延迟、带宽、可靠性和负载。尽管 RIP 对于实现小型或中型同机种互联网络的路由选择是非常有用的，但是随着网络不断发展，其受到的限制也越加明显。思科路由器的实用性和 IGRP 的强大功能性，使得众多小型互联网络组织采用 IGRP 取代了 RIP。距离向量路由选择协议采用数学上的距离标准计算路径大小，该标准就是距离向量。距离向量路由选择协议通常与链路状态路由选择协议相对，主要原因在于：距离向量路由选择协议是对互联网中的所有节点发送本地连接信息。为具有更大的灵活性，IGRP 支持多路径路由选择服务。在循环方式下，两条同等带宽线路能运行单通信流，如果其中一根线路传输失败，系统会自动切换到另一根线路上。多路径可以是具有不同标准但仍然奏效的多路径线路。例如，一条线路比另一条线路优先 3 倍（即标准低 3 级），那么意味着这条路径可以使用 3 次。只有符合某特定最佳路径范围或在差量范围之内的路径才可以用作多路径。差量是网络管理员可以设定的另一个值。缺省情况下，IGRP 每 90 秒发送一次路由更新广播，在 3 个更新周期内（即 270 秒），没有从路由中的第一个路由器接收到更新，则宣布路由不可访问。在 7 个更新周期即 630 秒后，Cisco IOS 软件从路由表中清除路由。

Cisco 路由器有关 IGRP 路由协议的命令如表 3.8 所示。

表 3.8

任务	命令
指定使用 IGRP 协议	router igrp autonomous-system1
指定与该路由器相连的网络	network network
指定与该路由器相邻的节点地址	neighbor ip-address

以图 3.6 所示网络为例来说明 IGRP 路由协议的配置。

配置命令如下：

Router1：

router igrp 200

network 192.200.10.0

network 192.20.10.0

！

3.3.1.3　OSPF 协议

OSPF（open shortest path first）是一个内部网关协议，用于在单一自治系统（autonomous system，AS）内决策路由。与 RIP 相对，OSPF 是链路状态路由协议，而 RIP 是距离向量路由协议。OSPF 是目前被广泛使用的一种动态路由协议，具有路由变化收敛速度快、无路由环路、支持可变长子网掩码（VLSM）和汇总、层次区域划分等优点。在网络中使用 OSPF 协议后，大部分路由将由 OSPF 协议自行计算和生成，无须网络管理员人工配置。当网络拓扑发生变化时，协议可以自动计算、更正路由，极大地方便了网络管理。但如果使用时不结合具体网络应用环境，不做好细致的规划，OSPF 协议的使用效果会大打折扣，甚至引发故障。链路是路由器接口的另一种说法，因此 OSPF 也称为接口状态路由协议。OSPF 通过路由器之间通告网络接口的状态来建立链路状态数据库，生成最短路径树，每个 OSPF 路由器使用这些最短路径构造路由表。每个路由器负责发现、维护与邻居的关系，并将已知的邻居列表和链路费用（link state update，LSU）报文描述，通过可靠的泛洪与自治系统（autonomous system，AS）内的其他路由器周期性交互，学习到整个自治系统的网络拓扑结构；并通过自治系统边界的路由器注入其他 AS 的路由信息，从而得到整个 Internet 的路由信息。每隔一个特定时间或当链路状态发生变化时，重新生成 LSA，路由器通过泛洪机制将新 LSA 通告出去，以便实现路由的实时更新。

Cisco 路由器有关 OSPF 路由协议的命令如表 3.9 所示。

表 3.9

任务	命令
指定使用 OSPF 协议	router ospf process-id1
指定与该路由器相连的网络	network address wildcard-mask area area-id2
指定与该路由器相邻的节点地址	neighbor ip-address

进行 OSPF 路由配置需注意以下几点。

（1）OSPF 路由进程 process-id 必须指定范围在 1~65535，多个 OSPF 进程可以在同一个路由器上配置，但最好不要这样做。多个 OSPF 进程需要多个 OSPF 数据库的副本，必须运行多个最短路径算法的副本。process-id 只在路由器内部起作用，不同路由器的 process-id 可以不同。

（2）wildcard-mask 是子网掩码的反码，网络区域 ID area-id 是在 0~4294967295 内的十进制数，也可以是带有 IP 地址格式的×.×.×.×。当网络区域 ID 为 0 或 0.0.0.0 时为主干区域。不同网络区域的路由器通过主干区域学习路由信息。

以图 3.7 所示网络为例来说明 OSPF 路由协议的配置。

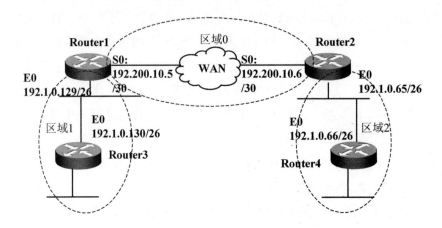

图 3.7

配置命令如下：

Router1：

interface ethernet 0

ip address 192. 1. 0. 129 255. 255. 255. 192

!

interface serial 0

ip address 192. 200. 10. 5 255. 255. 255. 252

!

router ospf 100

network 192. 200. 10. 4 0. 0. 0. 3 area 0

network 192. 1. 0. 128 0. 0. 0. 63 area 1

!

Router2：

interface ethernet 0

ip address 192. 1. 0. 65 255. 255. 255. 192

!

interface serial 0

ip address 192. 200. 10. 6 255. 255. 255. 252

!

router ospf 200

network 192. 200. 10. 4 0. 0. 0. 3 area 0

network 192. 1. 0. 64 0. 0. 0. 63 area 2

!

Router3：

interface ethernet 0

ip address 192. 1. 0. 130 255. 255. 255. 192

!

router ospf 300

network 192. 1. 0. 128 0. 0. 0. 63 area 1

!

Router4：

interface ethernet 0

ip address 192. 1. 0. 66 255. 255. 255. 192

!

router ospf 400

network 192. 1. 0. 64 0. 0. 0. 63 area 1

!

相关调试命令：

debug ip ospf events

debug ip ospf packet

show ip ospf

show ip ospf database

show ip ospf interface

show ip ospf neighbor

show ip route

鉴于安全的原因，可以在相同 OSPF 区域的路由器上启用身份验证的功能，只有经过身份验证的同一区域路由器才能互相通告路由信息。在默认情况下 OSPF 不使用区域验证。通过两种方法可启用身份验证功能：纯文本身份验证和消息摘要（md5）身份验证。纯文本身份验证传送的身份验证口令为纯文本，它会被网络探测器确定，并不安全，所以不建议使用。而消息摘要（md5）身份验证在传输身份验证口令前，要对口令进行加密，所以一般建议使用此种方法进行身份验证。

使用身份验证时，区域内所有的路由器接口必须使用相同的身份验证方法。为启用身份验证，必须在路由器接口配置模式下，为区域的每个路由器接口配置口令。Cisco路由器有关 OSPF 路由协议身份验证的命令如表 3.10 所示。

表 3.10

任务	命令
指定身份验证	area area-id authentication［message-digest］
使用纯文本身份验证	ip ospf authentication-key password
使用消息摘要（md5）身份验证	ip ospf message-digest-key keyid md5 key

以下列举两种验证设置的示例，示例的网络分布及地址分配环境与以上基本配置举例相同，只是在 Router1 和 Router2 的区域 0 上使用了身份验证的功能。

例 1：使用纯文本身份验证

Router1：

interface ethernet 0

ip address 192. 1. 0. 129 255. 255. 255. 192

！

interface serial 0

ip address 192. 200. 10. 5 255. 255. 255. 252

ip ospf authentication-key cisco

！

router ospf 100

network 192. 200. 10. 4 0. 0. 0. 3 area 0

network 192. 1. 0. 128 0. 0. 0. 63 area 1

area 0 authentication

！

Router2：

interface ethernet 0

ip address 192. 1. 0. 65 255. 255. 255. 192

！

interface serial 0

ip address 192. 200. 10. 6 255. 255. 255. 252

ip ospf authentication-key cisco

！

router ospf 200

network 192. 200. 10. 4 0. 0. 0. 3 area 0

network 192. 1. 0. 64 0. 0. 0. 63 area 2

area 0 authentication

！

例 2：消息摘要（md5）身份验证

Router1：

interface ethernet 0

ip address 192. 1. 0. 129 255. 255. 255. 192

!

interface serial 0

ip address 192. 200. 10. 5 255. 255. 255. 252

ip ospf message-digest-key 1 md5 cisco

!

router ospf 100

network 192. 200. 10. 4 0. 0. 0. 3 area 0

network 192. 1. 0. 128 0. 0. 0. 63 area 1

area 0 authentication message-digest

!

Router2：

interface ethernet 0

ip address 192. 1. 0. 65 255. 255. 255. 192

!

interface serial 0

ip address 192. 200. 10. 6 255. 255. 255. 252

ip ospf message-digest-key 1 md5 cisco

!

router ospf 200

network 192. 200. 10. 4 0. 0. 0. 3 area 0

network 192. 1. 0. 64 0. 0. 0. 63 area 2

area 0 authentication message-digest

!

相关调试命令：

debug ip ospf adj

debug ip ospf events

在网络工程实际工作中，会遇到使用多个 IP 路由协议的网络。为了使整个网络正常地工作，必须在多个路由协议之间进行成功的路由再分配。以图 3.8 所示网络为例来说明 OSPF 与 RIP 之间重新分配路由的配置。

Router1 的 Serial 0 端口和 Router2 的 Serial 0 端口运行 OSPF，Router1 的 E0 端口运行 RIP 2，Router3 运行 RIP2，Router2 有指向 Router4 的 192. 168. 0. 2/24 网的静态路由，Router4 使用默认静态路由。需要在 Router1 和 Router3 之间重新分配 OSPF 和 RIP 路由，

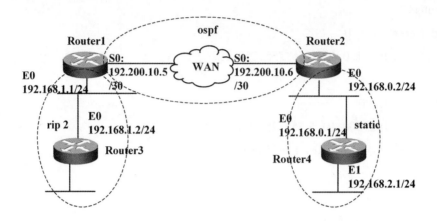

图 3. 8

在 Router2 上重新分配静态路由和直连的路由。Cisco 路由器有关 OSPF 与 RIP 之间重新分配路由的配置命令如表 3. 11 所示。

表 3. 11

任务	命令
重新分配直连的路由	redistribute connected
重新分配静态路由	redistribute static
重新分配 ospf 路由	redistribute ospf process-id metric metric-value
重新分配 rip 路由	redistribute rip metric metric-value

具体配置如下：

Router1：

interface ethernet 0

ip address 192. 168. 1. 1 255. 255. 255. 0

！

interface serial 0

ip address 192. 200. 10. 5 255. 255. 255. 252

！

router ospf 100

redistribute rip metric 10

network 192. 200. 10. 4 0. 0. 0. 3 area 0

！

router rip

version 2

redistribute ospf 100 metric 1

network 192. 168. 1. 0

!

Router2:

interface loopback 1

ip address 192. 168. 3. 2 255. 255. 255. 0

!

interface ethernet 0

ip address 192. 168. 0. 2 255. 255. 255. 0

!

interface serial 0

ip address 192. 200. 10. 6 255. 255. 255. 252

!

router ospf 200

redistribute connected subnet

redistribute static subnet

network 192. 200. 10. 4 0. 0. 0. 3 area 0

!

ip route 192. 168. 2. 0 255. 255. 255. 0 192. 168. 0. 1

!

Router3:

interface ethernet 0

ip address 192. 168. 1. 2 255. 255. 255. 0

!

router rip

version 2

network 192. 168. 1. 0

!

Router4:

interface ethernet 0

ip address 192. 168. 0. 1 255. 255. 255. 0

!

interface ethernet 1

ip address 192. 168. 2. 1 255. 255. 255. 0

!

ip route 0. 0. 0. 0 0. 0. 0. 0 192. 168. 0. 2

!

3.3.2 广域网协议配置

广域网协议是指 Internet 上负责路由器之间连接的数据链路层协议，主要在 OSI 参考模型的最下面三层操作，它定义了在不同广域网介质上的通信。用于广域网的通信协议比较多，如高级数据链路控制协议、点到点协议、X.25 协议、帧中继、数字数据网、综合业务数字网、数字用户线等。

3.3.2.1 HDLC

HDLC 是面向比特的数据链路控制协议的典型，该协议不依赖于任何一种字符编码集，数据报文可透明传输，用于实现透明传输的"0 比特插入法"易于硬件实现，全双工通信，不必等待确认便可连续发送数据，有较高的数据链路传输效率。所有帧均采用 CRC 校验，对信息帧进行编号，可防止漏收或重发，传输可靠性高。传输控制功能与处理功能分离，具有较大的灵活性和较完善的控制功能。网络设计普遍使用 HDLC 作为数据链路管制协议，作为通用的数据链路控制协议，当开始建立数据链路时，允许选用特定的操作方式。所谓链路操作方式，通俗地讲就是某站点是以主站方式操作，还是以从站方式操作，或者是二者兼备。在链路上用于控制目的的站称为主站，其他的受主站控制的站称为从站。主站负责对数据流进行组织，并且对链路上的差错实施恢复。由主站发往从站的帧称为命令帧，而由从站返回主站的帧称为响应帧。连有多个站点的链路通常使用轮询技术，轮询其他站的站称为主站，而在点到点链路中每个站均可为主站。主站需要比从站有更多的逻辑功能，所以当终端与主机相连时，主机一般总是主站。在一个站连接多条链路的情况下，该站对于一些链路而言可能是主站，而对另外一些链路而言又可能是从站。有些可兼备主站和从站的功能，这种站称为组合站。用于组合站之间信息传输的协议是对称的，即在链路上主、从站具有同样的传输控制功能，这又称作平衡操作，在计算机网络中这是一个非常重要的概念。相对的，操作时有主站、从站之分的，且各自功能不同的操作，称为非平衡操作。

HDLC 是 Cisco 路由器使用的缺省协议，一台新 Cisco 路由器在未指定封装协议时默认使用 HDLC 封装。

Cisco 路由器有关 HDLC 协议的命令如表 3.12 所示。

表 3.12

任务	命令
设置 HDLC 封装	encapsulation hdlc
设置 DCE 端线路速度	clockrate speed
复位一个硬件接口	clear interface serial unit
显示接口状态	show interfaces serial ［unit］1

以图 3.9 所示网络为例来说明 Cisco 路由器的 HDLC 协议配置。

图 3. 9

具体配置如下：

Router1：

interface Serial0

ip address 192. 200. 10. 1 255. 255. 255. 0

clockrate 1000000

Router2：

interface Serial0

ip address 192. 200. 10. 2 255. 255. 255. 0

!

HDLC 协议在网络工程实际中应用最广泛的是使用 E1 线路实现多个 64K 专线连接，有关配置命令如表 3. 13 所示。

表 3. 13

任务	命令
进入 controller 配置模式	controller {t1 ∣ e1} number
选择帧类型	framing {crc4 ∣ no-crc4}
选择 line-code 类型	linecode {ami ∣ b8zs ∣ hdb3}
建立逻辑通道组与时隙的映射	channel-group number timeslots range1
显示 controllers 接口状态	show controllers e1 [slot/port] 2

假设为 E1 连接 3 条 64K 专线，帧类型为 NO-CRC4，非平衡链路，路由器具体设置如下：

shanxi#wri t

Building configuration...

Current configuration：

!

version 11. 2

no service udp-small-servers

no service tcp-small-servers

!

hostname shanxi

!

enable secret 5 ＄1＄XN08＄Ttr8nfLoP9. 2RgZhcBzkk∕

enable password shanxi

!

ip subnet-zero

!

controller E1 0

framing NO−CRC4

channel-group 0 timeslots 1

channel-group 1 timeslots 2

channel-group 2 timeslots 3

!

interface Ethernet0

ip address 133. 118. 40. 1 255. 255. 0. 0

media-type 10BaseT

!

interface Ethernet1

no ip address

shutdown

!

interface Serial0：0

ip address 202. 119. 96. 1 255. 255. 255. 252

no ip mroute-cache

!

interface Serial0：1

ip address 202. 119. 96. 5 255. 255. 255. 252

no ip mroute-cache

!

interface Serial0：2

ip address 202. 119. 96. 9 255. 255. 255. 252

no ip mroute-cache

!

no ip classless

ip route 133. 210. 40. 0 255. 255. 255. 0 Serial0：0

ip route 133. 210. 41. 0 255. 255. 255. 0 Serial0：1

ip route 133. 210. 42. 0 255. 255. 255. 0 Serial0：2

!

line con 0

line aux 0

line vty 0 4

password shanxi

login

!

end

3. 3. 2. 2 PPP

PPP 是 SLIP 的继承者，它提供了跨过同步和异步电路实现路由器到路由器（rout-er-to-router）和主机到网络（host-to-network）的连接。PPP 是为在同等单元之间传输数据包这样的简单链路设计的链路层协议。这种链路提供全双工操作，并按照顺序传递数据包。设计目的主要是用来通过拨号或专线方式建立点对点连接发送数据，使其成为各种主机、网桥和路由器之间简单连接的一种共通的解决方案。PPP 具有动态分配 IP 地址的能力，允许在连接时刻协商 IP 地址。PPP 支持多种网络协议，比如 TCP/IP, Net-BEUI, NWLINK 等。PPP 具有错误检测能力，但不具备纠错能力，所以 PPP 是不可靠传输协议。该协议无重传的机制，网络开销小，速度快，具有身份验证功能。PPP 可以用于多种类型的物理介质上，包括串口线、电话线、移动电话和光纤（如 SDH），PPP 也用于 Internet 接入。CHAP 和 PAP 通常被用于在 PPP 封装的串行线路上提供安全性认证。使用 CHAP 和 PAP 认证，每个路由器通过名字来识别，可以防止未经授权的访问。

当用户拨号接入 ISP 时，路由器的调制解调器对拨号做出确认，并建立一条物理连接（底层 up）。PC 机向路由器发送一系列的 LCP 分组（封装成多个 PPP 帧）。这些分组及其响应选择一些 PPP 参数，进行网络层配置（此前如有 PAP 或 CHAP 验证先要通过验证），NCP 给新接入的 PC 机分配一个临时的 IP 地址，使 PC 机成为因特网上的一个主机。通信完毕时，NCP（网络控制协议）释放网络层连接，收回原来分配出去的 IP 地址。接着，LCP（链路控制协议）释放数据链路层连接，最后释放的是物理层连接。

Cisco 路由器有关 PPP 协议的命令如表 3.14 所示。

表 3.14

任务	命令
设置 PPP 封装	encapsulation ppp1
设置认证方法	ppp authentication {chap ｜ chap pap ｜ pap chap ｜ pap} ［if-nee-ded］［list-name ｜ default］［callin］

表3.14(续)

任务	命令
指定口令	username name password secret
设置 DCE 端线路速度	clockrate speed

要使用 CHAP/PAP 必须使用 PPP 封装。在与非 Cisco 路由器连接时,一般采用 PPP 封装,其他厂家路由器一般不支持 Cisco 的 HDLC 封装协议。以图 3.10 所示网络为例来说明 Cisco 路由器的 PPP 协议配置。

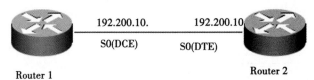

图 3.10

路由器 Router1 和 Router2 的 S0 口均封装 PPP 协议,采用 CHAP 认证。在 Router1 中应建立一个用户,以对端路由器主机名作为用户名,即用户名应为 router2。同时在 Router2 中应建立一个用户,以对端路由器主机名作为用户名,即用户名应为 router1。所建的这两用户的 password 必须相同。配置如下:

Router1:

hostname router1

username router2 password xxx

interface Serial0

ip address 192.200.10.1 255.255.255.0

clockrate 1000000

ppp authentication chap

!

Router2:

hostname router2

username router1 password xxx

interface Serial0

ip address 192.200.10.2 255.255.255.0

ppp authentication chap

!

3.3.2.3　X.25

X.25 协议采用分层的体系结构,自下而上分为三层:物理层、数据链路层和分组层,分别对应 OSI 参考模型的下三层。各层在功能上相互独立,每一层接受下一层提供的服务，同时也为上一层提供服务，相邻层之间通过原语进行通信。在接口的对等层之间通过对等层之间的通信协议进行信息交换的协商、控制和信息的传输。X.25 的第三层描述了分组的格式及分组交换的过程；X.25 的第二层由平衡式链路访问规程（link access procedure balanced，LAPB）实现，它定义了用于 DTE/DCE 连接的帧格式；X.25 的第一层定义了电气和物理端口特性。

　　X.25 网络设备分为数据终端设备（DTE）、数据电路终端设备（DCE）和分组交换设备（PSE）。DTE 是 X.25 的末端系统，如终端、计算机或网络主机，一般位于用户端，Cisco 路由器就是 DTE 设备。DCE 设备是专用通信设备，如调制解调器和分组交换机。PSE 是公共网络的主干交换机。X.25 协议是标准化的接口协议，任何要接入到分组交换网的终端设备必须在接口处满足协议的规定。要接入到分组交换网的终端设备不外乎两种：一种是具有 X.25 协议处理能力，可直接接入到分组交换网的终端，称为分组型终端（packet terminal，PT）；另一种是不具有 X.25 协议处理能力，必须经过协议转换才能接入到分组交换网的终端，称为非分组型终端（non-packet terminal，NPT）。

　　X.25 的物理层协议规定了 DTE 和 DCE 之间接口的电气特性、功能特性和机械特性以及协议的交互流程。与分组交换网端口相连的设备称作 DTE，它可以是同步终端或异步终端，也可以是通用终端或专用终端，还可以是智能终端。DCE 是 DTE-DTE 远程通信传输线路的中接设备，主要完成信号变换、适配和编码功能。对于模拟传输线路，它一般为调制解调器（modem）；对于数字传输线路，则为多路复用器或数字信道接口设备。物理层完成的主要功能有：DTE 和 DCE 之间的数据传输，在设备之间提供控制信号，为同步数据流和规定比特速率提供时钟信号，提供电气地，提供机械的连接器（如针、插头和插座）。X.25 物理层协议可以采用的接口标准有 X.21 建议、X.21 bis 建议以及 V 系列建议。

　　X.25 数据链路层协议是在物理层提供的双向信息传输通道上，控制信息有效、可靠地传送的协议。X.25 的数据链路层协议采用的是高级数据链路控制规程（HDLC）的一个子集——LAPB。HDLC 提供两种链路配置：一种是平衡配置；另一种是非平衡配置。非平衡配置可提供点到点链路和点到多点链路，平衡配置只提供点到点链路。由于 X.25 数据链路层采用的是 LAPB 协议，所以 X.25 数据链路层只提供点到点的链路方式。X.25 数据链路层的主要功能有：DTE 和 DCE 之间的数据传输，发送和接收端信息的同步，传输过程中的检错和纠错，有效的流量控制，协议性错误的识别和告警，链路层状态的通知。数据链路层完成的主要功能就是建立数据链路，利用物理层提供的服务为分组层提供有效可靠的分组信息。X.25 数据链路层所完成的工作主要可以分为三个阶段，即数据链路层所处的三种状态：链路建立、信息传输和链路断开。为了保证数据链路层的正常工作，X.25 定义了一些系统参数和变量，常用的有：发送序号、接收序号、发送变量、接收变量、允许未证实的最大帧数（最大窗口数）、时钟（定时器）。

　　X.25 分组层是利用数据链路层提供的可靠传送服务，在 DTE 和 DCE 接口之间控制虚呼叫分组数据通信的协议。其主要功能有：支持交换虚电路（SVC）和永久虚电路（PVC），建立和清除交换虚电路连接，为交换虚电路和永久虚电路连接提供有效可靠的分组传输，监测和恢复分组层的差错。

X. 25 定义了数据通信的电话网络，每个分配给用户的 X. 25 端口都具有一个 X. 121 地址。当用户申请到的是 SVC（交换虚电路）时，X. 25 一端的用户在访问另一端的用户时，首先将呼叫对方 X. 121 地址，然后接收到呼叫的一端可以接受或拒绝。如果接受请求，那么连接建立实现数据传输。当没有数据传输时挂断连接，整个呼叫过程就类似我们拨打普通电话一样，所不同的是 X. 25 可以实现一点对多点的连接。其中 X. 121 地址、htc 均必须与 X. 25 服务提供商分配的参数相同。X. 25 PVC（永久虚电路）没有呼叫的过程，类似 DDN 专线。

Cisco 路由器有关 X. 25 协议的命令如表 3. 15 所示。

表 3. 15

任务	命令
设置 X. 25 封装	encapsulation x25 ［dce］
设置 X. 121 地址	x25 address X. 121-address
设置远方站点的地址映射	x25 map protocol address ［protocol2 address2 ［.. ［protocol9 address9］ ］］ x121-address ［option］
设置最大的双向虚电路数	x25 htc citcuit-number1
设置一次连接可同时建立的虚电路数	x25 nvc count2
设置 x25 在清除空闲虚电路前的等待周期	x25 idle minutes
重新启动 x25，或清一个 svc，启动一个 pvc 相关参数	clear x25 ｛serial number ｜ cmns-interface mac-address｝ ［vc-number］ 3
清 x25 虚电路	clear x25-vc

显示接口及 x25 相关信息	show interfaces serial
	    show x25 interface
	    show x25 map
	    show x25 vc

虚电路号从 1 到 4095，Cisco 路由器默认为 1024，国内一般分配为 16。虚电路计数从 1 到 8，缺省为 1。在改变了 X. 25 各层的相关参数后，应重新启动 x25（使用 clear x25 ｛serial number ｜ cmns-interface mac-address｝ ［vc-number］ 或 clear x25-vc 命令），否则新设置的参数可能不能生效。同时应对照服务提供商对于 X. 25 交换机端口的设置来配置路由器的相关参数，若出现参数不匹配，则可能会导致连接失败或其他意外情况。以图 3. 11 和图 3. 12 所示网络为例来说明 Cisco 路由器的 X. 25 协议配置。这两个实例中每两个路由器间均通过 svc 实现连接。

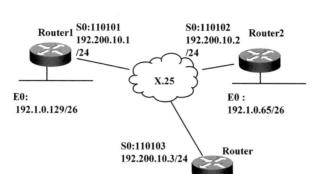

图 3.11

如图 3.11 所示网络中路由器的配置如下：

Router1：

interface Serial0

encapsulation x25

ip address 192. 200. 10. 1 255. 255. 255. 0

x25 address 110101

x25 htc 16

x25 nvc 2

x25 map ip 192. 200. 10. 2 110102 broadcast

x25 map ip 192. 200. 10. 3 110103 broadcast

!

Router2：

interface Serial0

encapsulation x25

ip address 192. 200. 10. 2 255. 255. 255. 0

x25 address 110102

x25 htc 16

x25 nvc 2

x25 map ip 192. 200. 10. 1 110101 broadcast

x25 map ip 192. 200. 10. 3 110103 broadcast

!

Router：

interface Serial0

encapsulation x25

ip address 192. 200. 10. 3 255. 255. 255. 0

x25 address 110103

x25 htc 16

x25 nvc 2

x25 map ip 192. 200. 10. 1 110101 broadcast

x25 map ip 192. 200. 10. 2 110102 broadcast

!

相关调试命令：

clear x25-vc

show interfaces serial

show x25 map

show x25 route

show x25 vc

在如图 3.12 所示网络中路由器 router1 和 router2 通过 svc 与 router 连接，但 router1 和 router2 不通过 svc 直接连接，此三个路由器的串口运行 RIP 路由协议，使用了子接口的概念。由于使用子接口，router1 和 router2 均学习到了访问对方局域网的路径，若不使用子接口，router1 和 router2 将学不到访问对方局域网的路由。子接口（subinterface）是一个物理接口上的多个虚接口，可以用于在同一个物理接口上连接多个网。我们知道为了避免路由循环，路由器支持 split horizon 法则，它只允许路由更新被分配到路由器的其他接口，而不会再分配路由更新回到此路由被接收的接口。无论如何，在广域网环境使用基于连接的接口（像 X. 25 和 Frame Relay），同一接口通过虚电路（vc）连接多台远端路由器时，从同一接口来的路由更新信息不可以再被发回到相同的接口，除非强制使用分开的物理接口连接不同的路由器。Cisco 提供子接口（subinterface）作为分开的接口对待，可以将路由器逻辑地连接到相同物理接口的不同子接口，这样来自不同子接口的路由更新就可以被分配到其他子接口，同时又满足 split horizon 法则。

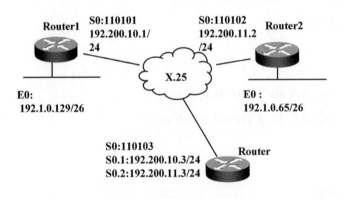

图 3. 12

如图 3.12 所示网络中路由器的配置如下：

Router1：

interface Serial0

encapsulation x25

ip address 192. 200. 10. 1 255. 255. 255. 0

x25 address 110101

x25 htc 16

x25 nvc 2

x25 map ip 192. 200. 10. 3 110103 broadcast

！

router rip

network 192. 200. 10. 0

！

Router2：

interface Serial0

encapsulation x25

ip address 192. 200. 11. 2 255. 255. 255. 0

x25 address 110102

x25 htc 16

x25 nvc 2

x25 map ip 192. 200. 11. 3 110103 broadcast

！

router rip

network 192. 200. 11. 0

！

Router：

interface Serial0

encapsulation x25

x25 address 110103

x25 htc 16

x25 nvc 2

！

interface Serial0. 1 point-to-point

ip address 192. 200. 10. 3 255. 255. 255. 0

x25 map ip 192. 200. 10. 1 110101 broadcast

```
!
interface Serial0. 2 point-to-point
ip address 192. 200. 11. 3 255. 255. 255. 0
x25 map ip 192. 200. 11. 2 110102 broadcast
!
router rip
network 192. 200. 10. 0
network 192. 200. 11. 0
!
```

3.3.2.4　帧中继

帧中继（frame relay）是一种有效的数据传输技术，它可以在一对一或者一对多的应用中快速而低廉地传输数字信息。它可以应用于语音、数据通信，既可以用于局域网（LAN），也可以用于广域网（WAN）的通信。每个帧中继用户将得到一个接到帧中继节点的专线。帧中继网络对于端用户来说，它通过一条经常改变且对用户不可见的信道来处理和其他用户间的数据传输。帧中继的主要特点是用户信息以帧（frame）为单位进行传送，网络在传送过程中对帧结构、传送差错等情况进行检查，对出错帧直接予以丢弃。同时，通过对帧中地址段 DLCI 的识别，实现用户信息的统计复用。帧中继是一种高性能的 WAN 协议，它运行在 OSI 参考模型的物理层和数据链路层。它是一种数据包交换技术，是 X.25 的简化版本。它省略了 X.25 的一些强健功能，如提供窗口技术和数据重发技术，而是依靠高层协议提供纠错功能，这是因为帧中继工作在更好的WAN 设备上，这些设备较之 X.25 的 WAN 设备具有更可靠的连接服务和更高的可靠性，它严格地对应于 OSI 参考模型的最低二层，X.25 还提供第三层的服务。所以，帧中继比 X.25 具有更高的性能和更有效的传输效率。帧中继是一种数据包交换通信网络，永久虚拟电路（PVC）是用在物理网络交换式虚拟电路（SVC）上构成端到端逻辑链接的。类似于在公共电话交换网中的电路交换，也是帧中继描述中的一部分，只是现在已经很少在实际中使用。数据链路连接标识符（DLCI）是用来标识各端点的一个具有局部意义的数值。多个 PVC 可以连接到同一个物理终端，PVC 一般都指定承诺信息速率（CIR）和额外信息速率（EIR）。

帧中继被设计为可以更有效地利用现有的物理资源，由于绝大多数客户不可能百分之百地利用数据服务，因此允许给电信营运商的客户提供超过供应的数据服务。正是由于电信营运商过多地预定了带宽，所以导致了帧中继在某些市场中获得了坏的名声。电信公司一直在对外出售帧中继服务给那些在寻找比专线更低廉的客户，根据政府和电信公司的政策，它被用于各种不同的应用领域。帧中继广域网的设备分为数据终端设备（DTE）和数据电路终端设备（DCE），Cisco 路由器是作为 DTE 设备的。帧中继技术提供面向连接的数据链路层的通信，在每对设备之间都存在一条定义好的通信链路，且该链路有一个链路识别码。这种服务通过帧中继虚电路实现，每个帧中继虚电路都以 DL-CI 标识自己。DLCI 的值一般由帧中继服务提供商指定。帧中继既支持 PVC，也支持 SVC。帧中继本地管理接口（LMI）是对基本的帧中继标准的扩展。它是路由器和帧中继交换机之间的信令标准，提供帧中继管理机制。它提供了许多管理复杂互联网络的特性，其中包括全局寻址、虚电路状态消息和多目的发送等功能。

Cisco 路由器有关帧中继协议的命令如表 3.16 所示。

表 3.16

任务	命令
设置 Frame Relay 封装	encapsulation frame-relay〔ietf〕1
设置 Frame Relay LMI 类型	frame-relay lmi-type〔ansi｜cisco｜q933a〕2
设置子接口	interface interface-type interface-number. subinterface-number〔multi-point｜point-to-point〕
映射协议地址与 DLCI	frame-relay map protocol protocol-address dlci〔broadcast〕3
设置 FR DLCI 编号	frame-relay interface-dlci dlci〔broadcast〕

若使 Cisco 路由器与其他厂家路由设备相连，则使用 Internet 工程任务组（IETF）规定的帧中继封装格式。从 Cisco IOS 版本 11.2 开始，软件支持 LMI "自动感觉"，"自动感觉" 使接口能确定交换机支持的 LMI 类型，用户可以不明确配置 LMI 接口类型。broadcast 选项允许在帧中继网络上传输路由广播信息。

以图 3.13 和图 3.14 所示网络为例来说明 Cisco 路由器的帧中继协议配置。

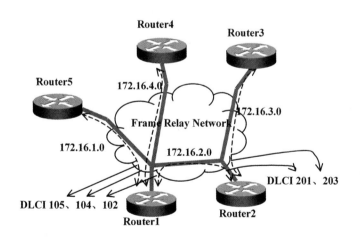

图 3.13

图 3.13 中帧中继 point to point 配置如下：

Router1：

interface serial 0

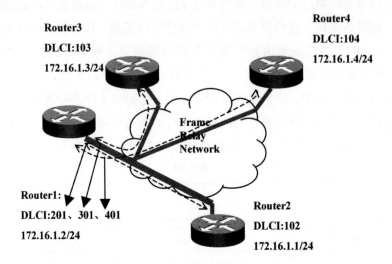

Router3
DLCI:103
172.16.1.3/24

Router4
DLCI:104
172.16.1.4/24

Frame
Relay
Network

Router1:
DLCI:201、301、401
172.16.1.2/24

Router2
DLCI:102
172.16.1.1/24

图 3. 14

encapsulation frame-relay

!

interface serial 0. 1 point-to-point

ip address 172. 16. 1. 1 255. 255. 255. 0

frame-reply interface-dlci 105

!

interface serial 0. 2 point-to-point

ip address 172. 16. 2. 1 255. 255. 255. 0

frame-reply interface-dlci 102

!

interface serial 0. 3 point-to-point

ip address 172. 16. 4. 1 255. 255. 255. 0

frame-reply interface-dlci 104

!

Router2：

interface serial 0

encapsulation frame-relay

!

interface serial 0. 1 point-to-point

ip address 172. 16. 2. 2 255. 255. 255. 0

frame-reply interface-dlci 201

!

interface serial 0. 2 point-to-point

ip address 172. 16. 3. 1 255. 255. 255. 0

frame-reply interface-dlci 203

!

相关调试命令：

show frame-relay lmi

show frame-relay map

show frame-relay pvc

show frame-relay route

show interfaces serial

图 3. 14 中帧中继 Multipoint 配置如下：

Router1：

interface serial 0

encapsulation frame-reply

!

interface serial 0. 1 multipoint

ip address 172. 16. 1. 2 255. 255. 255. 0

frame-reply map ip 172. 16. 1. 1 201 broadcast

frame-reply map ip 172. 16. 1. 3 301 broadcast

frame-reply map ip 172. 16. 1. 4 401 broadcast

!

Router2：

interface serial 0

encapsulation frame-reply

!

interface serial 0. 1 multipoint

ip address 172. 16. 1. 1 255. 255. 255. 0

frame-reply map ip 172. 16. 1. 2 102 broadcast

frame-reply map ip 172. 16. 1. 3 102 broadcast

frame-reply map ip 172. 16. 1. 4 102 broadcast

!

3. 3. 2. 5　综合业务数字网（ISDN）

综合业务数字网（integrated services digital network，ISDN）是一个数字电话网络国

际标准，是一种典型的电路交换网络系统。在 ITU 的建议中，ISDN 是一种在数字电话网 IDN 基础上发展起来的通信网络。ISDN 能够支持多种业务，包括电话业务和非电话业务。ISDN 由数字电话和数据传输服务两部分组成，一般由电话局提供这种服务。IS-DN 的基本速率接口（BRI）服务提供 2 个 B 信道和 1 个 D 信道（2B+D）。BRI 的 B 信道速率为 64 kb/s，用于传输用户数据。D 信道的速率为 16 kb/s，主要用于传输控制信号。在北美和日本，ISDN 的主速率接口（PRI）提供 23 个 B 信道和 1 个 D 信道，总速率可达 1.544 Mb/s，其中 D 信道速率为 64 kb/s。而在欧洲、澳大利亚等国家，ISDN 的 PRI 提供 30 个 B 信道和 1 个 64 kb/s D 信道，总速率可达 2.048 Mb/s。我国电话局所提供 ISDN PRI 为 30B+D。

　　ISDN 是一个全数字的网络，可实现端到端的数字连接。现代电话网络中采用数字程控交换机和数字传输系统，在网络内部的处理已全部数字化，但是在用户接口上仍然用模拟信号传输话音业务。而在 ISDN 中，用户环路也被数字化，无论原始信息是语音、文字，还是图像，都先由终端设备将信息转换为数字信号，再由网络进行传送。由于 ISDN 实现了端到端的数字连接，它能够支持包括语音、数据、图像在内的各种业务，所以是一个综合业务网络。从理论上说，任何形式的原始信号只要能够转变为数字信号，都可以利用 ISDN 来进行传送和交换，实现用户之间的信息交换。各类业务终端使用一个标准接口接入 ISDN。同一个接口可以连接多个用户终端，并且不同终端可以同时使用。这样，用户只要一个接口就可以使用各类不同的业务。

　　对大部分用户来说，ISDN 的最大优点之一是其具有多路性。ISDN 用户可以在一对双绞线上提供两个 B 信道（每个 64 kb/s）和一个 D 信道（16 kb/s），同时使用多种业务。ISDN 采用端到端的数字连接，不像模拟线路那样会受到静电和噪声的干扰，因此传输质量很高。由于采用了纠错编码，ISDN 中传输的误码特性比电话网传输数据的误码特性至少改善了 10 倍。ISDN 提供各种业务，用户只需一个入网接口，就能使用网络提供的各种业务。例如，用户可以在一个基本速率接口上接入电话、电脑、会议电视和路由器等设备。使用 ISDN，最高的数据传输速率可达 128 kb/s，且是全双工的，是一般 V.90 调制解调器的理论上行速率的 2 倍多。

　　ISDN 有窄带和宽带两种。窄带 ISDN 有基本速率（2B+D，144 kb/s）和一次群速率（30B+D，2 Mb/s）两种接口。基本速率接口包括两个能独立工作的 B 信道（64 kb/s）和一个 D 信道（16 kb/s），其中 B 信道一般用来传输话音、数据和图像，D 信道用来传输信令或分组信息。B 代表承载，D 代表控制。宽带可以向用户提供 1.55 Mb/s 以上的通信能力。但是由于宽带综合业务数字网技术复杂，投资巨大，还不大可能大量投入使用；而窄带综合业务数字网已经非常成熟，完全具备了商用化推广的条件，因此各地开通的 ISDN 综合业务数字网实际上是窄带 ISDN。由于使用了数字线路数据传输的比特误码特性比电话线路至少改善 10 倍，用户-网络接口是 ISDN 的用户访问 ISDN 的入口，在这个接口上必须满足业务综合化的要求，即要求接口具有通用性，能够接纳不同速率的电路交换业务和分组业务。一个 ISDN 用户−网络接口可以支持多个终端，用户接入 ISDN 的系统模型可用用户−网络接口的参考模型来定义。在参考配置中使用了用户功能群的概念。功能群是接口上具有的一组功能组合，可以是接口上所需的物理功能部件，也可以是一个抽象的概念。ISDN 用户网络接口上包括以下几个功能群。

（1）终端设备（TE）。终端设备分为两类：符合 ISDN 用户−网络接口标准要求的数字终端为 TE1，不符合用户−网络接口要求的终端为 TE2，如模拟电话机、X.25 终端等。

（2）终端适配器（Terminal Adaptor，TA）。其功能是把非 ISDN 的终端（TE2）接入到 ISDN 网络中。TA 的功能包括速率适配和协议转换等。

（3）网络终端设备（NT）。网络设备也分为两类：NT1 和 NT2。NT1 为用户线传输服务，功能包括线路维护、监控、定时、馈电和复用等。NT2 执行用户交换机（PBX）、局域网和中段控制设备的功能。

（4）线路终端设备（LT）。LT 是用户环线与交换局端连接的接口设备，实现交换设备与线路传输端之间的接口功能。

不同用户功能群之间的连接点称为接入参考点。ISDN 用户网络接口中定义的参考点包括 R，S，T，U 等。通常在不使用 PBX 时，S 和 T 参考可以合并，称为 S/T 参考点。在用户−网络接口上，ISDN 定义了不同的信道用于传输信息。其中 B 信道用于传输用户信息，信道带宽为 64 kb/s。D 信道用于传输电路交换所需的控制信令，也用于传输分组交换的信息。H 信道用于传输大于 64 kb/s 的高带宽用户信息，根据其传输速率又可分为 H0、H1（2.048 Mb/s）、H3、H4（130.264 Mb/s）等。ISDN 中定义的标准接口主要包括基本速率接口和基群接口等。基本速率接口由两条 64 kb/s 的 B 信道和一条 16 kb/s 的 D 信道组成，通常称为 2B+D。其中，B 信道用来传输话音或其他类型的数据业务；D 信道用来传输信令或分组数据。基群接口用于大业务量用户的通信，通常由多个 B，D，H 信道组合而成，例如 30B+D（其中 D 信道带宽为 64 kb/s）。从应用推广的情况来看，ISDN 并未取得事先所预期的结果。ISDN 主要业务仍是针对语音电话交换业务，对数据业务的支持受限于 64 kb/s 的信道带宽。因此，ISDN 实际上提供的是一种窄带交换业务，尚不能满足对更高带宽数据通信的要求，如高清晰图像数据传输等。相对于以后提出的使用 ATM 为基础的带宽 ISDN 来说，ISDN 通常被称为窄带 ISDN（N-ISDN）。ISDN 在结构上也不是真正意义上的综合，因为其内部同时采用了电路交换技术和分组技术，分别用于话音业务和数据业务，所谓综合只是在用户接口上实现，适应新业务和新技术的能力较差。

Cisco 路由器有关 ISDN 的命令如表 3.17 所示。

表 3. 17

任务	命令
设置 ISDN 交换类型	isdn switch-type switch-type1
接口设置	interface bri 0
设置 PPP 封装	encapsulation ppp
设置协议地址与电话号码的映射	dialer map protocol next-hop-address〔name hostname〕〔broadcast〕〔dial-string〕
启动 PPP 多连接	ppp multilink
设置启动另一个 B 信道的阈值	dialer load-threshold load
显示 ISDN 有关信息	show isdn {active ∣ history ∣ memory ∣ services ∣ status〔dsl ∣ interface-type number〕∣ timers}

以图 3.15 所示网络为例来说明 Cisco 路由器的 ISDN 协议配置。

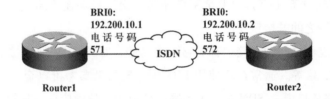

图 3. 15

图 3. 15 中 ISDN 实现 DDR（dial-on-demand routing）配置如下：

Router1：

hostname router1

user router2 password cisco

!

isdn switch-type basic-net3

!

interface bri 0

ip address 192. 200. 10. 1 255. 255. 255. 0

encapsulation ppp

dialer map ip 192. 200. 10. 2 name router2 572

dialer load-threshold 80

ppp multilink

dialer-group 1

ppp authentication chap

!

dialer-list 1 protocol ip permit

!

Router2：

hostname router2

user router1 password cisco

!

isdn switch-type basic-net3

!

interface bri 0

ip address 192. 200. 10. 2 255. 255. 255. 0

encapsulation ppp

dialer map ip 192. 200. 10. 1 name router1 571

dialer load-threshold 80

ppp multilink

dialer-group 1

ppp authentication chap

!

dialer-list 1 protocol ip permit

!

Cisco 路由器同时支持回拨功能，我们将图 3. 16 中的路由器 Router1 作为 Callback Server，Router2 作为 Callback Client。与回拨有关的命令如表 3. 18 所示。

表 3. 18

任务	命令
映射协议地址和电话号码，并在接口上使用在全局模式下定义的 PPP 回拨的映射类别	dialer map protocol address name hostname class classname dial-string
设置接口支持 PPP 回拨	ppp callback accept
在全局模式下为 PPP 回拨设置映射类别	map-class dialer classname
通过查找注册在 dialer map 里的主机名来决定回拨	dialer callback-server ［username］
设置接口要求 PPP 回拨	ppp callback request

图 3. 15 中 ISDN 实现回拨的配置如下：

Router1：

hostname router1

user router2 password cisco

!

isdn switch-type basic-net3

!

interface bri 0

ip address 192. 200. 10. 1 255. 255. 255. 0

encapsulation ppp

dialer map ip 192. 200. 10. 2 name router2 class s3 572

dialer load-threshold 80

ppp callback accept

ppp multilink

dialer-group 1

ppp authentication chap

!

map-class dialer s3

dialer callback-server username

dialer-list 1 protocol ip permit

!

Router2：

hostname router2

user router1 password cisco

!

isdn switch-type basic-net3

!

interface bri 0

ip address 192. 200. 10. 2 255. 255. 255. 0

encapsulation ppp

dialer map ip 192. 200. 10. 1 name router1 571

dialer load-threshold 80

ppp callback request

ppp multilink

dialer-group 1

ppp authentication chap

!

dialer-list 1 protocol ip permit

!

相关调试命令：

debug dialer

debug isdn event

debug isdn q921

debug isdn q931

debug ppp authentication

debug ppp error

debug ppp negotiation

debug ppp packet

show dialer

show isdn status

举例：执行 debug dialer 命令观察 router2 呼叫 router1，router1 回拨 router2 的过程

router1#debug dialer

router2#ping 192. 200. 10. 1

router1#

00：03：50:%LINK-3-UPDOWN：Interface BRI0：1，changed state to up

00：03：50：BRI0：1：PPP callback Callback server starting to router2 572

00：03：50：BRI0：1：disconnecting call

00：03：50:%LINK-3-UPDOWN：Interface BRI0：1，changed state to down

00：03：50：BRI0：1：disconnecting call

00：03：50：BRI0：1：disconnecting call

00：03：51:%LINK-3-UPDOWN：Interface BRI0：2，changed state to up

00：03：52：callback to router2 already started

00：03：52：BRI0：2：disconnecting call

00：03：52:%LINK-3-UPDOWN：Interface BRI0：2，changed state to down

00：03：52：BRI0：2：disconnecting call

00：03：52：BRI0：2：disconnecting call

00：04：05：Callback timer expired

00：04：05：BRI0：beginning callback to router2 572

00：04：05：BRI0：Attempting to dial 572

00：04：05：Freeing callback to router2 572

00：04：05:%LINK-3-UPDOWN：Interface BRI0：1，changed state to up

00：04：05：BRI0：1：No callback negotiated

00：04：05:%LINK-3-UPDOWN：Interface Virtual-Access1，changed state to up

00：04：05：dialer Protocol up for Vi1

00：04：06:% LINEPROTO - 5 - UPDOWN：Line protocol on Interface BRI0：1，changed state to up

00：04：06:%LINEPROTO-5-UPDOWN：Line protocol on Interface Virtual-Access1， changed state to up

00：04：11:%ISDN-6-CONNECT：Interface BRI0：1 is now connected to 572

router1#

第 4 章　无线网络技术

随着技术的发展，各种传输方式不断更新。目前网络主要采用有线接入的方式，这样的接入方式，受到上网地点的限制，会使网络资讯的快速传输大打折扣。而无线网络技术就解决了这一难题。我国目前在大力发展无线网络技术，无线网络覆盖的热点也越来越多，相信无线网络必将在未来很长一段时间内占据网络的主流地位。

4.1　无线网络基础

无线网络最初的应用可以追溯到第二次世界大战期间，美军研发出一套无线电传输系统，且采用相当高强度的加密技术，得到美军和盟军的广泛使用。这项技术让许多学者得到了灵感，1971 年，夏威夷大学的研究员创造了第一个基于封包式技术的无线电通信网络。这被称作 ALOHANET 的网络，可以算是早期的无线局域网络。它包括了 7 台计算机，它们采用双向星形拓扑横跨四座夏威夷岛屿，中心计算机放置在瓦胡岛上。从这时开始，无线网络正式诞生了。

无线局域网可以看成计算机网络与无线通信技术相结合的产物。通俗点说，无线局域网就是不采用传统电缆线，但却能够提供传统有线局域网所有功能的网络。网络所需的基础设施不需要埋在地下或隐藏在墙里，网络却能够随着需求而移动或变化。无线局域网技术具有传统局域网无法比拟的灵活性。无线局域网的通信范围不受环境条件限制，网络传输范围大大拓宽。此外，无线局域网的抗干扰性强，网络保密性好，对于有线局域网中的诸多安全问题，在无线局域网中基本上可以避免。而且相对于有线网络，无线局域网的组建、配置和维护较为容易，一般计算机工作人员都可以胜任网络的管理工作。

无线局域网的基础还是传统的有线局域网，是有线局域网的扩展和替换。它只是在有线局域网的基础上通过无线 HUB、无线访问接入点、无线网桥、无线网卡等设备使无线通信得以实现。与有线网络一样，无线局域网同样也需要传送介质。只是无线局域网采用的传输媒体不是双绞线或者光纤，而是红外线（IR）、无线电波（RF）或微波。无线接入技术与有线接入的区别之一就是标准不统一。不同的标准有不同的应用。目前比较流行的有：IEEE 802.11 标准、蓝牙（bluetooth）标准以及家庭网络（homert）标准。

4.1.1 无线网络技术的发展与特点

无线网络产品的标准是遵循 IEEE（电气和电子工程师协会）所制定的 802.11 系列标准，它是美国电机电子工程师协会为解决无线网络设备互联，于 1997 年 6 月制定发布的无线网络标准。所以一般 802.11X 系列标准都属于无线网络。

IEEE 802.11 主要用于解决办公室局域网和校园中用户与用户终端的无线连接，其业务主要局限于数据访问，速率最高只能达到 2 Mb/s。由于它在速率和传输距离上都不能满足人们的需要，因此，IEEE 又相继推出了 802.11b，802.11a 和 802.11g 等 3 个新标准。下面分别进行简要的介绍。

IEEE 802.11 标准的制定推动了无线网络的发展，但由于传输速率只有 1~2 Mb/s，该标准未能得到广泛的发展与应用。1999 年，IEEE 通过了新的 IEEE 802.11a 和 IEEE 802.11b 标准。IEEE 802.11b 定义了使用直接序列扩频调制技术，在 2.4 GHz 频带实现速率为 11 Mb/s 的无线传输。由于 DSSS 技术的实现比 OFDM 容易，IEEE 802.11b 标准的发展比 IEEE 802.11a 快得多，在 1999 年末首先出现了支持 IEEE 802.11b 标准的产品，随后得到广泛商用，并通过互通性测试。IEEE 802.11b 已成为当今 WLAN 的主流标准。

随着用户需求的增加，又诞生了 IEEE 802.11a 标准，该标准工作在 5 GHz 频段，最大速率可达 54 Mb/s。采用 OFDM 调制技术的 IEEE 802.11a 标准与 IEEE 802.11b 相比，具有两个明显的优点：第一，提高了每个信道的最大传输速率（11~54 Mb/s）。第二，增加了非重叠的信道数。因此，采用 IEEE 802.11a 标准的 WLAN 可以同时支持多个相互不干扰的高速 WLAN 用户。不过这些优点是以兼容性和传输距离为代价的。IEEE 802.11a 和 IEEE 802.11b 工作在不同的频段，两个标准的产品不能兼容。由于传输距离的减小，要覆盖相同的范围，就需要更多的 IEEE 802.11a 接入点。2002 年初，首次出现了支持 IEEE 802.11a 标准的产品。

2001 年 1 月，IEEE 802.11g 标准以草案的形式面世，2003 年 5 月成为正式标准。IEEE 802.11g 标准既能提供与 IEEE 802.11a 相同的传输速率，又能与已有的 IEEE 802.11b 设备后向兼容。IEEE 802.11g 工作在 ISM2.4 GHz 频段，在速率不大于 11 Mb/s 时，仍采用 DSSS 调制技术；当传输速率高于 11 Mb/s 时，则采用传输效率更高的 OFDM 调制技术。与 IEEE 802.11a 相比，IEEE 802.11g 的优点是以性能的降低为代价的。虽然 OFDM 调制技术能达到更高的速率，但 2.4 GHz 频带的可用带宽是固定的，IEEE 802.11g 只能使用 2.4 Hz 频段的 3 个信道，而 IEEE 802.11a 在 5 GHz 频带室内或室外可用的信道各有 8 个。由于 IEEE 802.11a 的可用信道数比 IEEE 802.11g 多，在相同传输速率下，频道重叠少，干扰就小。所以，IEEE 802.11a 与 IEEE 802.11g 相比，具有较强的抗干扰能力。

无线网络标准在设定时就有自身所带的一些优点和缺点。其主要问题是：第一，在无线网络标准中，IEEE 802.11b 是目前使用最广泛的标准，目前的产品中，支持此标准的产品比支持 IEEE 802.11a 和 IEEE 802.11g 的产品便宜，但也是无线局域网标准中带宽最低、传输距离最短的一个标准。第二，IEEE 802.11a 比 IEEE 802.11b 具有更大的吞吐量，可同时使用多个频道以加速传输速率，电波不易受干扰，传输速率达 54 Mb/s。但由于它的工作频率在 5 GHz，与 IEEE 802.11b 和 IEEE 802.11g 不兼容（此二者工作频率在 2.4 GHz），所以它是目前使用较少的一个无线网络标准。第三，IEEE 802.11g 的传输速率（理论上达 54 Mb/s）比 IEEE 802.11b（理论上为 11 Mb/s）要高，并且可与之兼容，但是它却比 IEEE 802.11b 更容易受外界干扰，如无绳电话、微波炉及其他在 2.4 GHz 频段上的设备。

在安全性上，一般的无线设备在传播信息时所使用的无线信号可被其他人侦听到，并且目前常用的 IEEE 802.11b 和 IEEE 802.11g 工作在免费的通用频段之内，所以无线网络、无线设备在设计的过程中必须要考虑安全保密的内容。目前所生产的无线设备中大多数采用的是 40/128 位的 WEP，部分产品支持 VPN 技术，在安全性方面已达到了一定的水平。但随着技术的发展，安全性方面还有待改进。

4.1.2　无线网络设备

无线网络设备就是既包括允许用户建立远距离无线连接的全球语音和数据网络，也包括为近距离无线连接进行优化的红外线技术及射频技术。无线网络设备与有线网络设备的用途十分类似，最大的不同在于传输媒介不同，无线网络设备是利用无线电技术取代网线的电子设备。在无线局域网里，常用的网络设备有无线访问接入点（AP）、无线控制器（AC）、无线网卡、无线天线、POE 交换机等。

4.1.2.1　无线访问接入点（AP）

无线访问接入点是一个无线网络的接入点，主要有纯接入点设备与路由交换接入点一体设备。纯接入点设备只负责无线客户端的接入，通常作为无线网络扩展使用，与其他 AP 或者主 AP 连接，以扩大无线覆盖范围。而一体设备执行接入和路由工作，一般是无线网络的核心。

纯接入点无线 AP 就是一个无线的交换机，提供无线信号发射接收的功能。纯接入点无线 AP 的工作原理是将网络信号经过 AP 产品的编译，将信号转换成无线电信号发送出来，形成无线网的覆盖。根据不同的功率，可以实现不同程度、不同范围的网络覆盖，一般无线 AP 最大覆盖距离可达 300 米。多数纯接入点无线 AP 本身不具备路由功能，包括 DNS，DHCP，Firewall 在内的服务器功能都必须由独立的路由或计算机来完成。目前大多数的纯接入点无线 AP 都支持多用户（30~100 台电脑）接入、数据加密。多速率发送等功能，在家庭、办公室内，一个 AP 便可实现所有电脑的无线接入。纯接入点无线 AP 可对装有无线网卡的电脑做必要的控制和管理，可以通过 10BASE-T（WAN）端口与内置路由功能的 ADSL MODEM 或 CABLE MODEM（CM）直接相连，也可以在使用时通过交换机/集线器、宽带路由器接入有线网络。纯接入点无线 AP 跟无线路由器类似，按照协议标准本身来说，IEEE 802.11b 和 IEEE 802.11g 的覆盖范围是室内 100 米、室外 300 米。这个数值仅是理论值，在实际应用中，会碰到各种障碍物，其中以玻璃、木板、石膏墙对无线信号的影响最小，而混凝土墙壁和铁对无线信号的屏蔽最大。所以通常实际使用范围是：室内 30 米、室外 100 米（没有障碍物）。因此，作为无线网络中重要的环节，无线接入点、无线网关也就是无线 AP，它的作用类似于我们常用的有线网络中的集线器。在那些需要大量 AP 来进行大面积覆盖的公司使用得比较多，所有 AP 通过以太网连接起来并连到独立的无线局域网防火墙。所以，一般的无线 AP，其作用有两个：一是作为无线局域网的中心点，供其他装有无线网卡的计算机通过它接入该无线局域网；二是通过对有线局域网络提供长距离无线连接，或对小型无线局域网络提供长距离有线连接，从而达到延伸网络范围的目的。

无线 AP 也可用于小型无线局域网进行连接，从而达到拓展的目的。当无线网络用户足够多时，应当在有线网络中接入一个无线 AP，从而将无线网络连接至有线网络主干。AP 在无线工作站和有线主干之间起网桥的作用，实现了无线与有线的无缝集成。AP 既允许无线工作站访问网络资源，同时又为有线网络增加了可用资源。

无线路由器是纯接入点无线 AP 与宽带路由器的一种结合体。它借助路由器功能，可实现家庭无线网络中的 Internet 连接共享，实现 ADSL 和小区宽带的无线共享接入。另外，无线路由器可以把通过它进行无线和有线连接的终端都分配到一个子网，这样子网内的各种设备交换数据就非常方便了。可以说无线路由器就是 AP、路由功能和交换机的集合体，支持有线无线组成同一子网，直接接上 MODEM。无线 AP 相当于一个无线交换机，接在有线交换机或路由器上，跟它连接的无线网卡将从路由器那里分得 IP。无线路由器在 SOHO 的环境中使用得比较多，在这种环境下，一个 AP 就足够了。这样的话，整合了宽带接入路由器和无线路由器就提供了单个机器的解决方案，它比起两个分开机器的方案要容易管理而且便宜。无线路由器一般包括网络地址转换（NAT）协议，以支持无线局域网用户的网络连接共享。它们也可能有基本的防火墙或者信息包过滤器来防止端口扫描软件和其他针对宽带连接的攻击。最后，大多数无线路由器包括一个有四个端口的以太网转换器，可以连接几台有线的 PC。这对于管理路由器或者把一台打印机连上局域网来说非常方便。

为有效提高无线网络的整体性能，在安装与配置无线 AP 时需把握好以下几个方面。

（1）安装位置应当较高。

由于无线 AP 在无线网络中扮演着集线器的角色，它其实就是无线网络信号的发射"基站"，因此它的安装位置必须选择好，才能不影响整个无线网络信号的传输稳定。由于无线通信信号是按直线方向传播的，要是在传输的过程中，遇到障碍物的话，无线通信信号的强度就会受到削弱，特别是遇到金属障碍物时，无线信号的衰减幅度更是巨大。为了避免无线信号遭受外来障碍物的干扰，可以在安装无线 AP 时尽量将它的位置安装得高一些，或者在障碍物的顶部再增加一个通信中继点。当然也可以利用铁塔来增加无线 AP 的室外天线高度，这样能有效地消除无线工作站与无线 AP 之间移动的或固定的障碍物，从而确保无线 AP 的信号覆盖范围足够大，那么无线网络的整体通信性能就会大大提升。

（2）覆盖范围少量重叠。

借助以太网可以将多个无线 AP 有效地连接起来，从而搭建一个无线漫游网络，这样用户就能随意在整个网络中进行无线漫游了。不过当访问者从一个子网络移动到另外一个子网络的过程中，就会出现访问者与原无线 AP 的距离越来越远的现象，这样无线上网信号就会越来越弱，上网速度也会越来越慢，直到中断与原网络的信号连接；如果另外一个子网的无线 AP 信号覆盖区域与原网络的无线 AP 信号覆盖区域之间有少量的重叠部分，那么访问者在即将与原网络断开连接的那一刻，又会自动进入新的子网覆盖区域，这样一来就能确保访问者在不同网络之间漫游时始终处于在线状态，而不会发生连接断开现象。所以，在组建无线漫游网络时，为保证无线网络有足够的带宽，就需要将每一个无线 AP 产生的各自无线信号覆盖区域进行少量交叉覆盖，以确保每一个无线子网之间能够实现无缝连接。

（3）控制带宽，确保速度。

在理论状态下，无线 AP 的带宽可以达到 11 Mb/s 或 54Mb/s 这样的大小，不过该带宽大小却是其他无线工作站所共享的，换句话说，如果无线 AP 同时与较多的无线工作站进行连接，那么每一台无线工作站所能分享得到的网络带宽就会逐步变小。因此，为了确保整个无线网络的通信速度不受到影响，一定要控制好无线工作站的接入数目，以便保证每一台工作站都能获得足够的上网带宽。那么，一台无线 AP，到底可以同时连接多少台无线工作站，才不会降低整个网络的通信速度呢？一般来说，支持 IEEE 802.11b 标准的无线 AP 可以同时连接 20 台左右的工作站，如果工作站连接数目超过这个数字，无线网络的通信速度将会明显下降；当然，要是一台无线 AP 同时连接的工作站数目较少，会导致组网成本过高。

（4）通信信号拒绝穿墙。

如果通信信号穿越了墙壁或受到其他干扰，它的通信距离将会大大缩短。为了避免通信信号遭到不必要的削弱，一定要控制好无线 AP 的摆放位置，让其信号尽量不要穿越墙壁，更不能穿越浇注的钢筋混凝土墙壁。通过实际测试发现，在 10 米距离之内，无线 AP 的传输信号在穿越了两堵砖墙之后，它的信号强度仍然能够维持在标准的最高传输强度；一旦无线信号穿越了浇注的钢筋混凝土墙壁，它的信号强度会下降一半。由此不难看出，无线通信信号在穿越有金属的墙壁时，其信号强度将会大幅度衰减。所以，在两层以上的建筑物中组建无线局域网时，最好能在每一个楼层中安装一个无线 AP，这样可以确保在本楼层之内的所有无线工作站都处于该无线 AP 的覆盖范围之内。

此外，要是在一层之内，如果房间间隔的数目较多，那么应该确保无线 AP 和无线工作站之间不能有两个以上墙壁的间隔，否则就需要多安装几个无线 AP，以确保每一台无线工作站都能获得足够的信号强度。当然，为了确保某一座建筑物之内的所有无线工作站能同时连接到一个网络中，还需要通过双绞线将每一层或安装在其他位置处的无线 AP 连接在一起。

（5）摆放位置居于中心。

由于无线 AP 的信号覆盖范围呈圆形区域，为了确保与之相连的每一台无线工作站都能有效地接收到通信信号，最好将无线 AP 放在所接工作站的中心。例如，可以将无线 AP 摆放在机房或房间的中央位置，然后将每一个工作站围绕在无线 AP 的四周放置，这样就确保机房中的每一台工作站都能高速地接入到无线网络中。此外，要注意的是，无线网络通常会根据通信距离的远近自动调整上网速度，一般情况下工作站离无线 AP 的距离越近，其通信信号的抗干扰能力就越强，上网速度就会越快；相反，工作站与无线 AP 的距离越远，通信信号就越容易受到外来干扰，上网速度就会越慢。因此，为了保证上网速度始终处于高速状态，一定要控制好无线 AP 与工作站的距离，尽量不让它们离得太远。如果距离比较远，可以为无线 AP 安装全向天线，距离远的工作站需要安装定向天线，同时调整好天线的方向，确保它们与水平线有一个合适的角度。

（6）正确设置，成功漫游。

要实现无线漫游，就需要将多个无线 AP 的信号覆盖范围相互重叠一小部分，不过要想漫游成功，还需要对各个无线 AP 进行适当的设置。首先，需要登录无线 AP 的参数设置界面，在其中找到服务区域识别串（service set identifier，SSID）设置选项；其次，将所有无线 AP 的 SSID 名称设置成相同，这样才能确保漫游用户在同一网络中漫游；再次，修改每一个无线 AP 的 IP 地址，让所有无线 AP 的 IP 地址属于同一网段之中；最后，修改信号互相覆盖的无线 AP 的频道。鉴于相邻的两个无线 AP 之间有信号重叠区域，为保证这部分区域所使用的信号频道不能互相覆盖，具体地说信号互相覆盖的无线 AP 必须使用不同的频道，否则很容易造成各个无线 AP 之间的信号相互产生干扰，从而导致无线网络的整体性能下降。一个无线 AP 可以使用的频道总共有 11 个，其中只有 1，6，11 这三个频道是完全不被覆盖的，因此可以将相邻的无线 AP 设置成使用这些频道，来确保无线漫游成功。

4.1.2.2　无线控制器（AC）

无线控制器是一种网络设备，用来集中化控制局域网内可控的无线 AP，是一个无线网络的核心，负责管理无线网络中的所有无线 AP，对 AP 的管理包括：下发配置、修改相关配置参数、射频智能管理、接入安全控制等。目前大部分 AC 和 AP 都必须是相同的厂商才能相互管理。基于无线控制器的解决方案中，每个 AP 只单独负责 RF 和通信的工作，其作用就是一个简单的、基于硬件的 RF 底层传感设备，所有 AP 接收到的 RF 信号，经过 802.11 编码之后，通过不同厂商制定的加密隧道协议穿过以太网络并传送到无线控制器，进而由无线控制器集中对编码流进行加密、验证、安全控制等更高层次的工作。因此，基于 Fit AP 和无线控制器的无线网络解决方案具有统一管理的特性，并能够出色地完成自动 RF 规划、接入和安全控制策略等工作。

采用 Fit AP+无线控制器解决方案，无线用户的传输是通过 Fit AP 内已建立的 GRE 隧道和无线控制器互联的，因此 Fit AP 无须和无线控制器直接相连，无线 Fit AP 可以通过网络部署在需要覆盖的任意地方。一般的无线控制器都可以处理多个 Fit AP，而且通过硬件升级或者堆叠技术，可以不断地扩充支持 Fit AP 的数目，从而实现无线网络的不断延伸。无线控制器能够自动设定 Fit AP 的 RF 工作状态，解决了在传统无线网络解决方案里难以确定复杂环境内每一个 AP 的工作状态的问题，强大的 RF 自动管理功能，使得这种新型的无线解决方案可以在任意复杂的使用环境里轻松地部署 AP。通过厂家提供的专门 RF 管理模块，可以根据用户的建筑设计图，初步估计 Fit AP 的部署，并能在实际的调试过程中，计算无线终端的平均带宽、AP 和 AP 之间的覆盖面等。通过 RF 管理软件的计算，安装人员就可以根据建筑图纸上所显示的位置安装 AP，在无线网安装完成后，网管人员通过 RF 规划自动校准功能，无线控制器可以自动调节无线网上所有 Fit AP 的频道与功率参数以达到一个最优性能的运行状态。在无线局域网系统投入运行后，网管人员更可通过 RF 管理模块随时监测网内的每个 AP 的无线电波实际的运行状态，及时掌握每个 AP 的工作状态和故障诊断，及时做出调整策略。Fit AP 和无线控制器系统有非常强大的集中管理功能，所有关于无线网络的配置都可以通过配置无线控制器器统一完成。例如开通、管理、维护所有 AP 设备以及移动终端，包括无线电波频谱、无线安全、接入认证、移动漫游以及接入用户等所有功能。另外，无线控制器还可以通过堆叠技术不断进行升级，增加可以管理的 Fit AP 的数量。无线控制器以 Fit AP 作为边界结合快速的 RF 管理系统，大大减少了无线客户端和 AP 的关联时间，可以实现如 PDA、手持终端、笔记本电脑等无线适配器在无线网络里快速切换，进而实现快速漫游的功能，而无须安装客户端软件。事实上，在 RF 管理系统的作用下，为了避免同频干扰的入侵，每个 AP 的实时工作频率有可能发生变化，RF 系统不停扫描各个可用信道，根据扫描结果自动定义 Fit AP 的实时工作频率，这使得无线适配器必须在不同的时刻都通过工作在同一信道的不同的 Fit AP 进行关联。也就是说，无线适配器一直工作在同一系统的不同 AP 里，这种设计初衷使得整个系统同时获得强大的漫游支持。Fit AP 和无线控制器系统可在一个 Fit AP 的覆盖范围内把无线用户或终端分散连接到附近的 Fit AP 上。在一个 Fit AP 的覆盖范围内，无线连接的带宽是共享，即无线终端数目越多，每个终端所能分享的带宽就越小。要确保每个无线终端的传输就必须限制一个 AP 上无线终端的数量或 AP 带宽传输总和或每个无线终端带宽上限。在视频应用中，负载均衡功能可以有效地缓解单个 AP 的负担，有效地利用临近的 AP 做接入，从而使视频应用的质量得到保证。无线控制器结合 RF 管理工具及传感器，Fit AP 和无线控器系统可以跟踪和定位无线终端的位置，诸如无线接入的电脑、PDA 和 Wi-Fi 手机等。系统通常采用三角模式的定位技术，无线定位的准确性可达到 2.5 m 以内，无线定位的条件是所寻找的无线终端附近须有最少三个专门的传感器的存在。此功能有利于无线网络快速定位入侵源和故障点，而且还可以结合一些应用程序做二次开发应用。Fit AP 和无线交换系统可在每个用户的权限内限制用户无线连接的最高带宽。对于不同的 IP 服务，系统也可透过无线交换机模块设置定义不同的 QoS 队列。例如无线语音的应用，SIP 和 RTP 协议可设定在高的队列，而一般应用如 HTTP 和 FTP 则可设定在低的队列。众所周知，无线网络的致命缺点是带宽有限，并且系统带宽会随着接入的用户增加而相对减少。经过 QoS 优化，在整个无线网络内部可以实现 WI-FI 语音的优化，更可以保证关键应用的流畅运行。如今的 WI-FI 网络覆盖，多采用 AC+AP 的覆盖方式，无线网络中一个 AC，多个 AP。此模式应用于大中型企业中，有利于无线网络的集中管理，多个无线发射器能统一发射一个信号（SSID），并且支持无缝漫游和 AP 射频的智能管理。这相对于传统的覆盖模式有本质的提升。AC+AP 的覆盖模式顺应了无线通信智能终端的发展趋势，随着 Iphone，Ipad 等移动智能终端设备的普及，无线 WI-FI 的需求不可或缺。

4.1.2.3　无线网卡

无线网卡是一种终端无线网络设备，可以在无线局域网的无线覆盖下通过无线连接网络进行上网使用，是使计算机可以利用无线上网的一个装置。有了无线网卡还需要一个可以连接的无线网络，需要配合无线路由器或者无线 AP 使用，计算机就可以通过无线网卡以无线的方式连接无线网络。

无线网卡的作用、功能跟普通电脑网卡一样，是用来连接到局域网上的。它只是一个信号收发的设备，只有在找到互联网的出口时才能实现与互联网的连接，所有无线网卡只能局限在已布有无线局域网的范围内。无线网卡就是不通过有线连接，采用无线信号进行连接的网卡。无线网卡可根据不同的接口类型来区分：第一种是 USB 无线上网卡，是目前最常见的；第二种是台式机专用的 PCI 接口无线网卡；第三种是笔记本电脑专用的 PCMCIA 接口无线网卡；第四种是笔记本电脑内置的 MINI-PCI 无线网卡。

4.1.2.4　无线天线

无线天线有多种类型，常见的有两种：一种是室内天线，方便灵活但增益小、传输距离短；另一种是室外天线。室外天线的类型比较多，一种是锅状的定向天线，一种是棒状的全向天线。室外天线传输距离远，较适合远距离传输。无线设备本身的天线都有一定距离的限制，当超出这个限制的距离时，就要通过外接天线来增强无线信号，达到延伸传输距离的目的。

4.1.2.5 POE 交换机

交换机（power over ethernet，POE）是指在现有以太网 Cat. 5 布线基础架构不作任何改动的情况下，在为一些基于 IP 的终端（如 IP 电话机、无线局域网接入点、网络摄像机等）传输数据信号的同时，还能为此类设备提供直流供电的交换机。POE 技术能在确保现有结构化布线安全的同时保证现有网络正常运作，最大限度地降低成本。POE 交换机端口支持输出功率达 15.4 W 或 30 W，符合 IEEE 802.3af/802.3at 标准，通过网线供电的方式为标准的 POE 终端设备供电，免去额外的电源布线。符合 IEEE 802.3atPOE 交换机，端口输出功率可以达到 30 W，受电设备可获得的功率为 25.4 W。POE 也被称为基于局域网的供电系统（power over lan，POL）或有源以太网（active ethernet），有时也被简称为以太网供电，这是利用现存标准以太网传输电缆的同时传送数据和电功率的最新标准规范，并保持了与现存以太网系统和用户的兼容性。IEEE 802.3af 标准是基于以太网供电系统 POE 的新标准，它在 IEEE 802.3 的基础上增加了通过网线直接供电的相关标准，是现有以太网标准的扩展，也是第一个关于电源分配的国际标准。IEEE 在 1999 年开始制定该标准，最早参与的厂商有 3Com，Intel，PowerDsine，Nortel，Mitel 和 National Semiconductor。但是，该标准的缺点一直制约着市场的扩大，直到 2003 年 6 月，IEEE 批准了 802.3af 标准，它明确规定了远程系统中的电力检测和控制事项，并对路由器、交换机和集线器通过以太网电缆向 IP 电话、安全系统以及无线 LAN 接入点等设备供电的方式进行了规定。IEEE 802.3af 的发展包含了许多公司专家的努力，这也使得该标准可以在各方面得到检验。IEEE 802.3at 标准 2005 年开始制定，2009 年颁布。IEEE 802.3 工作组及各厂家联盟在 2012 年末又推出 POH-POWER OVER HDBASET。利用现行的 4-Pair 四对线技术，双边供电功率达到 60~100 W，使用 5 或 6 类线即可达到。

当在一个网络中布置 POE 交换机时，POE 交换机的工作过程如下：

一开始，POE 交换机在端口输出很小的电压，直到其检测到线缆终端的连接为一个支持 IEEE 802.3af 标准的受电端设备。当检测到受电端设备 PD 之后，POE 交换机可能会为 PD 设备进行分类，并且评估此 PD 设备所需的功率损耗。在一个可配置时间（一般小于 15μs）的启动期内，POE 交换机开始从低电压向 PD 设备供电，直至提供 48 V 的直流电源，为 PD 设备提供稳定可靠 48 V 的直流电，满足 PD 设备不越过 15.4 W 的功率消耗。若 PD 设备从网络上断开，POE 交换机就会快速地（一般在 300~400 ms）停止为 PD 设备供电，并重复检测过程以检测线缆的终端是否连接 PD 设备。一个完整的 POE 系统包括供电端设备（power sourcing equipment，PSE）和受电端设备（power device，PD）两部分，POE 交换机是 PSE 设备的一种。PSE 设备是为以太网客户端设备供电的设备，同时也是整个 POE 以太网供电过程的管理者。而 PD 设备是接受供电的 PSE 负载，即 POE 系统的客户端。

4.1.3 无线网络结构

无线网络结构类型主要有：点对点模式或对等模式、基础架构模式、无线网桥模式、无线中继器模式、AP Client 客户端模式及 Mesh 结构。

4.1.3.1 点对点模式 Ad-hoc

Ad-hoc（点对点）模式同以前的直连双绞线概念一样，是典型的 P2P 连接，属于无中心拓扑结构，由无线工作站组成，主要用于一台无线工作站和另一台或多台其他无线工作站的直接通信。该网络无法接入到有线网络中，只能独立使用；无须 AP，安全由各个客户端自行维护。该模式中的一个节点必须能同时"看"到网络中的其他节点，否则就认为网络中断，因此只能用于少数用户的组网环境，比如 4 至 8 个用户。

Ad-hoc 源自拉丁语，意思是"for this"，引申为"for this purpose only"，即"为某种目的设置的，特别的"意思，即 Ad-hoc 网络是一种有特殊用途的网络。IEEE 802.11 标准委员会采用"Ad-hoc 网络"一词来描述这种特殊的自组织对等式多跳移动通信网络，Ad-hoc 网络就此诞生。Ad-hoc 结构是一种省去了无线中介设备 AP 而搭建起来的对等网络结构，只要安装了无线网卡，计算机彼此之间即可实现无线互联。其原理是网络中的一台计算机主机建立点到点连接，相当于虚拟 AP，而其他计算机就可以直接通过这个点对点连接进行网络互联与共享。我们日常所说的移动通信网络一般是指有中心的，基于预设的网络设施才能运行。譬如蜂窝移动通信系统要有基站的支持，无线局域网通常也需要工作在有 AP 接入点和有线骨干网的模式下。但对于有些特殊场合来说，有中心的移动网络并不合适，例如战场上部队快速展开和推进、地震或水灾后的营救等。这些场合的通信不能依赖任何预设的网络设施，而需要一种能够临时快速自动组网的移动网络，Ad-hoc 网络可以满足这样的要求。

Ad-hoc 网络的前身是分组无线网（packet radio network，PRNET）。人们对分组无线网的研究源于军事通信的需要，并已经持续了近 20 年。早在 1972 年，美国国防高级研究计划局（defense advanced research projects agency，DARPA）就启动了分组无线网项目，研究分组无线网在战场环境下数据通信中的应用。项目完成之后，DARPA 在 1993 年启动了高残存性自适应网络（survivable adaptive network，SURAN）项目，研究如何将 PRNET 的成果加以扩展，以支持更大规模的网络，还开发能够适应战场快速变化环境下的自适应网络协议。1994 年，DARPA 又启动了全球移动信息系统（globle mobile information systems，GloMo）项目，在分组无线网已有成果的基础上对能够满足军事应用需要的、可快速展开、高抗毁性的移动信息系统进行全面深入的研究，并一直持续至今。1991 年成立的 IEEE 802.11 标准委员会采用"Ad-hoc 网络"一词来描述这种特殊的对等式无线移动网络。

在 Ad-hoc 网络中，节点具有报文转发能力，节点之间的通信可能要经过多个中间节点的转发，即经过多跳（MultiHop），这是 Ad-hoc 网络与其他移动网络的最根本区别。节点通过分层的网络协议和分布式算法相互协调，实现了网络的自动组织和运行。因此它也被称为多跳无线网（MultiHop wireless network）、自组织网络（self-organized network）或无固定设施的网络（infrastructureless network）。

Ad-hoc 网络是一种特殊的无线移动网络。网络中所有节点的地位平等，无须设置任何中心控制节点。网络中的节点不仅具有普通移动终端所需的功能，而且具有报文转发能力。与普通的移动网络和固定网络相比，它具有以下特点。

（1）无中心。

Ad-hoc 网络没有严格的控制中心。所有节点的地位平等，即一个对等式网络。节点可以随时加入和离开网络。任何节点的故障都不会影响整个网络的运行，具有很强的抗毁性。

（2）自组织。

网络的布设或展开无须依赖任何预设的网络设施。节点通过分层协议和分布式算法协调各自的行为，节点开机后就可以快速、自动地组成一个独立的网络。

（3）多跳路由。

当节点要与其覆盖范围之外的节点进行通信时，需要中间节点的多跳转发。与固定网络的多跳不同，Ad-hoc 网络中的多跳路由是由普通的网络节点完成的，而不是由专用的路由设备（如路由器）完成的。

（4）动态拓扑。

Ad-hoc 网络是一个动态的网络。网络节点可以随处移动，也可以随时开机和关机，这些都会使网络的拓扑结构随时发生变化。这些特点使得 Ad-hoc 网络在体系结构、网络组织、协议设计等方面与普通的蜂窝移动通信网络和固定通信网络有着显著的区别。

由于 Ad-hoc 网络的特殊性，它的应用领域与普通的通信网络有着显著的区别。它适合被用于无法或不便预先铺设网络设施的场合、需快速自动组网的场合等。针对 Ad-hoc 网络的研究是因军事应用而发起的。因此，军事应用仍是 Ad-hoc 网络的主要应用领域。在民用方面，Ad-hoc 网络也有非常广泛的应用前景。

它的应用场合主要有以下几类。

（1）军事应用。

军事应用是 Ad-hoc 网络技术的主要应用领域。Ad-noc 网络因特有的无须架设网络设施、可快速展开、抗毁性强等特点，而成为数字化战场通信的首选技术。Ad-hoc 网络技术是美军战术互联网的核心技术。美军的近期数字电台和无线互联网控制器等主要通信装备都使用了 Ad-hoc 网络技术。

（2）传感器网络。

传感器网络是 Ad-hoc 网络技术的另一大应用领域。对于很多应用场合来说，传感器网络只能使用无线通信技术。而考虑体积和节能等因素，传感器的发射功率不可能很大。使用 Ad-hoc 网络实现多跳通信是非常实用的解决方法。分散在各处的传感器组成

Ad-hoc 网络，可以实现传感器之间、控制中心之间的通信。这在爆炸残留物检测等领域具有非常广阔的应用前景。

（3）紧急应用。

在发生了地震、水灾、强热带风暴或遭受其他灾难打击后，固定的通信网络设施（如有线通信网络、蜂窝移动通信网络的基站等网络设施、卫星通信地球站以及微波接力站等）可能被全部摧毁或无法正常工作。对于抢险救灾来说，这时就需要 Ad-hoc 网络这种不依赖任何固定网络设施又能快速布设的自组织网络技术。类似地，处于边远或偏僻野外地区时，同样无法依赖固定或预设的网络设施进行通信。Ad-hoc 网络技术的独立组网能力和自组织特点，是这些场合通信的最佳选择。

（4）个人通信。

个人局域网（personal area network，PAN）是 Ad-hoc 网络技术的另一应用领域。Ad-hoc 网络不仅可用于实现 PDA、手机、手提电脑等个人电子通信设备之间的通信，还可用于个人局域网之间的多跳通信。蓝牙技术中的超网（scatternet）就是一个典型的例子。

（5）其他。

Ad-hoc 网络还可以与蜂窝移动通信系统相结合，利用移动台的多跳转发能力扩大蜂窝移动通信系统的覆盖范围、均衡相邻小区的业务、提高小区边缘的数据速率等。在实际应用中，Ad-hoc 网络除了可以单独组网实现局部的通信外，还可以作为末端子网通过接入点接入其他的固定或移动通信网络，与 Ad-hoc 网络以外的主机进行通信。因此，Ad-hoc 网络也可以作为各种通信网络的无线接入手段之一。

Ad-hoc 网络中的节点不仅要具备普通移动终端的功能，还要具有报文转发能力，即要具备路由器的功能。因此，就完成的功能而言可以将节点分为主机、路由器和电台三部分。其中主机部分完成普通移动终端的功能，包括人机接口、数据处理等应用软件。路由器部分主要负责维护网络的拓扑结构和路由信息，完成报文的转发功能。电台部分为信息传输提供无线信道支持。从物理结构上分，电台可以被分为以下几类：单主机单电台、单主机多电台、多主机单电台和多主机多电台。手持机一般采用单主机单电台的简单结构。作为复杂的车载台，一个节点可能包括通信车内的多个主机。多电台不仅可以用来构建叠加的网络，还可用作网关节点来互联多个 Ad-hoc 网络。

Ad-hoc 无线网络的拓扑结构可分为两种：对等式平面结构和分级结构。在对等式平面结构中，所有网络节点地位平等。而在分级结构的 Ad-hoc 无线网络拓扑结构中，整个网络是以簇为子网组成，每个簇由一个簇头和多个簇成员组成，簇头形成高一级网络，高一级网络又可分簇形成更高一级网络。每一个簇中的簇头和簇成员是动态变化、自动组网的。分级结构根据硬件的不同配置，又可以分为单频分级结构和多频分级结构。单频分级结构使用单一频率通信，所有节点使用同一频率；而在多频分级结构中，若存在两级网络，则低级网络通信范围小，高级网络通信范围大，簇成员用一个频率通信，簇头节点用一个频率与簇成员通信，用另一个频率来维持与簇头之间的通信。

对等式平面结构和分级结构使用时各存在优缺点：对等式平面结构网络结构简单，各节点地位平等，源节点与目的节点通信时存在多条路径，不存在网络瓶颈，而且网络相对比较安全，最大的缺点是网络规模受到限制，当网络规模扩大时路由维护的开销指数增长而消耗掉有限的带宽；分级结构网络规模不受限制，可扩充性好，而且由于分簇，路由开销相对小一些，虽然分级结构中需要复杂的簇头选择算法，但由于分级网络结构具有较高的系统吞吐量，节点定位简单，目前 Ad-hoc 无线网络正逐渐呈现分级化的趋势，许多网络路由算法都是基于分级结构网络模式提出的。

Ad-hoc 网络的无线信道是多跳共享的多点信道，所以不同于普通网络的共享广播信道、点对点无线信道和蜂窝移动通信系统中由基站控制的无线信道。信道接入技术主要是解决隐藏终端和暴露终端问题，影响比较大的有 MAC 协议、控制信道和数据信道分裂的双信道方案和基于定向天线的 MAC 协议，以及一些改进的 MAC 协议。

网络主要是为数据业务设计的，没有对体系结构做过多考虑，但是当 Ad-hoc 网络需要提供多种业务并支持一定的 QoS 时，应当考虑选择最为合适的体系结构，并需要对原有协议栈重新进行设计。Ad-hoc 路由面临的主要挑战是传统的保存在节点中的分布式路由数据库如何适应网络拓扑的动态变化。Ad-hoc 网络中多跳路由是由普通节点协作完成的，而不是由专用的路由设备完成的。因此，必须设计专用的、高效的无线多跳路由协议。目前，一般普遍得到认可的代表性成果有 DSDV，WRP，AODV，DSR，TORA 和 ZRP 等。至今，路由协议的研究仍然是 Ad-hoc 网络成果最集中的部分。Ad-hoc 网络出现初期主要用于传输少量的数据信息。随着应用的不断扩展，需要在 Ad-hoc 网络中传输多媒体信息。多媒体信息对时延和抖动等都提出了很高要求，即需要提供一定的 QoS 保证。Ad-hoc 网络中的 QoS 保证是系统性问题，不同层要提供相应的机制。由于 Ad-hoc 网络的特殊性，广播和多播问题变得非常复杂，它们需要链路层和网络层的支持。目前这个问题的研究已经取得了阶段性进展。由于 Ad-hoc 网络的特点之一就是安全性较差，易受窃听和攻击，因此需要研究适用于 Ad-hoc 网络的安全体系结构和安全技术。Ad-hoc 网络管理涉及面较广，包括移动性管理、地址管理和服务管理等，需要相应的机制来解决节点定位和地址自动配置等问题。可以采用自动功率控制机制来调整移动节点的功率，以便在传输范围和干扰之间进行折中；还可以通过智能休眠机制，采用功率意识路由和使用功耗很小的硬件来减少节点的能量消耗。

4.1.3.2　基础架构模式

基于无线 AP 的 infrastructure（基础）结构模式其实与有线网络中的星形交换模式差不多，也属于集中式结构类型，其中的无线 AP 相当于有线网络中的交换机，起着集中连接和数据交换的作用。在这种无线网络结构中，除了需要像 Ad-hoc 对等结构中在每台主机上安装无线网卡，还需要一个 AP 接入设备，俗称"访问点"或"接入点"。

这个 AP 设备就是用于集中连接所有无线节点，并进行集中管理的。当然，一般的无线 AP 提供了一个有线以太网接口，用于与有线网络、工作站和路由设备的连接。这种网络结构模式的特点主要表现在网络易于扩展、便于集中管理、能提供用户身份验证等优势。另外，数据传输性能也明显高于 Ad-Hoc 对等结构。在这种 AP 网络中，AP 和无线网卡还可针对具体的网络环境调整网络连接速率，如 11 Mb/s 的可使用速率可以调整为 1，2，5.5 和 11 Mb/s 4 挡；54 Mb/s 的 IEEE 802.11a 和 IEEE 802.11g 的则更是可以在 54，48，36，24，18，12，11，9，6，5.5，2，1 Mb/s 共 12 个不同速率动态转换，以发挥相应网络环境下的最佳连接性能。理论上一个 IEEE 802.11b 的 AP 最大可连接 72 个无线节点，实际应用中考虑更高的连接需求，一般 10 个节点以内为好。其实在实际的应用环境中，连接性能往往受到许多方面因素的影响，所以实际连接速率要远低于理论速率。如上面所介绍的 AP 和无线网卡可针对特定的网络环境动态调整速率，原因就在于此。当然还要看具体应用，对于带宽要求较高（如学校的多媒体教学、电话会议和视频点播等）的应用，最好单个 AP 所连接的用户数少些；对于简单的网络应用可适当多些。同时要求单个 AP 所连接的无线节点要在其有效的覆盖范围内，这个距离通常为室内 100 m 左右，室外则可达 300 m 左右。当然如果是 IEEE 802.11a 或 IEEE 802.11g 的 AP，因为它的速率可达到 54 Mb/s，有效覆盖范围也比 IEEE 802.11b 的大 1 倍以上，理论上单个 AP 的理论连接节点数在 100 个以上，但实际应用中所连接的用户数最好在 20 个左右。

另外，基础结构的无线局域网不仅可以应用于独立的无线局域网中，如小型办公室无线网络、SOHO 家庭无线网络，也可以以它为基本网络结构单元组建庞大的无线局域网系统，如 ISP 在"热点"位置为各移动办公用户提供的无线上网服务，在宾馆、酒店、机场为用户提供的无线上网区等。不过这时就要充分考虑各 AP 所用的信道了，在同一有效距离内只能使用 3 个不同的信道。

如图 4.1 所示的是一家宾馆的无线网络方案，宾馆中各楼层中的无线网络用户通过一条宽带接入线路与因特网连接。还可以与企业原有的有线网络连接，组成混合网络。无线网络与有线网络连接的网络结构与图 4.1 差不多，不同的只是交换机通常要与企业有线网络的核心交换机相连，而不是直接连接其他网络或无线设备。

4.1.3.3 无线网桥模式

无线网桥就是无线网络的桥接，利用无线传输方式实现在两个或多个网络之间搭起通信的桥梁。无线网桥从通信机制上分为电路型网桥和数据型网桥。

除了具备有线网桥的基本特点之外，无线网桥工作在 2.4G 或 5.8G 的免申请无线执照的频段，因而比其他有线网络设备更方便部署。数据型网桥传输速率根据采用的标准不同，具体为：无线网桥传输标准常采用 IEEE 802.11b 或 IEEE 802.11g，IEEE 802.11a 和 IEEE 802.11n 标准，IEEE 802.11b 标准的数据速率是 11 Mb/s，在保持足够

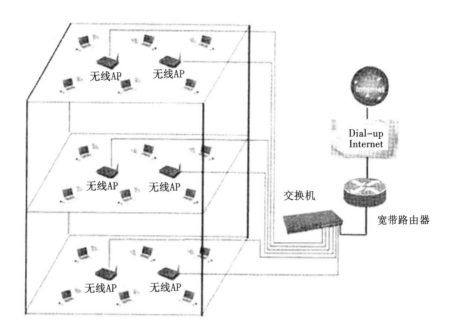

图 4.1

的数据传输带宽的前提下，IEEE 802.11b 通常能够提供 4 Mb/s 到 6 Mb/s 的实际数据速率，而 IEEE 802.11g，IEEE 802.11a 标准的无线网桥都具备 54 Mb/s 的传输带宽，其实际数据速率可达 IEEE 802.11b 的 5 倍左右，目前通过 Turbo 和 Super 模式最高可达 108 Mb/s 的传输带宽；IEEE 802.11n 通常可以提供 150 Mb/s 到 600 Mb/s 的传输速率。

电路型网桥传输速率由调制方式和带宽不同决定，PTP C400 可达 64 Mb/s，PTP C500 可达 90 Mb/s，PTP C600 可达 150 Mb/s；可以配置电信级的 E1，E3，STM-1 接口。无线网桥通常用于室外，主要用于连接两个网络，使用无线网桥不可能只使用一个，点对点必须两个以上，而 AP 可以单独使用。无线网桥功率大，传输距离远（最大可达约 50 千米），抗干扰能力强，不自带天线，一般配备抛物面天线可实现长距离的点对点连接。现在市面上已经出现了 IEEE 802.11n 的无线网桥，传输速率可达到 300 Mb/s 以上。不过受各种因素的影响，实际速率远远低于商家标榜的数值。但相对于 IEEE 802.11g 的速率的确提高了很多，这也使得我们要求高带宽、高传输速率成为可能。随着技术的不断发展，相信有更多的新产品会随着新技术的出现而衍生出来。

4.1.3.4 无线中继器模式

无线中继器模式，即无线 AP 在网络连接中起到中继的作用，能实现信号的中继和放大，从而延伸无线网络的覆盖范围。无线分布式系统（WDS）的无线中继模式，就是在 WDS 上可以让无线 AP 之间通过无线信号进行桥接中继，同时不影响其无线 AP 覆盖的功能，并提供了全新的无线组网模式。无线分布式系统通过无线电接口在两个 AP 设备之间创建一个链路。此链路可以将来自一个不具有以太网连接的 AP 的通信量中继至另一个具有以太网连接的 AP。WDS 最多允许在访问点之间配置四个点对点链路。一般情况下，中心 AP 最多支持四个远端无线中继模式的 AP 接入。无线中继模式虽然使无线覆盖变得更容易和更灵活，但是却需要高档 AP 支持，而且如果中心 AP 出了问题，则整个 WLAN 将瘫痪，冗余性无法保障，所以在应用中最常见的是无线漫游模式。而这种中继模式则只用在没法进行网络布线的特殊情况下，可适用于那些场地开阔、不便于铺设以太网线的场所，像大型开放式办公区域、仓库、码头等。在两个网络隔离太远，网络信号无法传送到时，就在中间设置一个中继 AP，此 AP 只起中继的作用。在此种模式下，中心 AP 也要提供对客户端的接入服务，所以选择 AP 模式即可，而充当中继器的 AP 不接入有线网络，只接电源，使用中继模式，并填入"远程 AP 的 MAC 地址"即可。

无线中继技术是针对那些有线骨干网络布线成本很高，还有一些 AP 由于周边环境因素，无法进行有线骨干网络的连接的环境而提出的。利用无线中继与无线覆盖相结合的组网模式，可实现扩大无线覆盖范围，达到无线网络漫游。无线中继技术就是利用 AP 的无线接力功能，将无线信号从一个中继点接力传递到下一个中继点，并形成新的无线覆盖区域，从而构成多个无线中继覆盖点接力模式，最终达到延伸无线网络的覆盖范围的目的。

无线中继模式组网方法的用途极其广泛，在无线网络已经开始广泛使用的今天，很多地方会因为场地比较大或者有障碍物，无线设备的覆盖范围达不到人们所需要的距离或中途受到阻碍，这时候人们采用无线中继模式来连接无线网络，就能满足组网的要求。很多无线 AP 产品有桥接功能，在以前只有通过无线网桥来实现无线连接，但以前的无线网桥只具有桥接功能，而不能实现无限覆盖的效果。在如今的城市里，连接两个建筑物之间的网络，采用无线 AP 连接具有很大的便利性。然而，如今城市里高楼林立，很容易造成无线信号受阻，这样就不能顺利地实现网络的连接。同时也会出现需要连接的网络相隔太远，就算中间没有什么其他的障碍物阻挡信号的传送与接收，但如今的网络技术及网络设备的覆盖范围还达不到这么远的距离的情况，因此，我们就采用中继模式，以中继 AP 来实现信号的放大与延续传送。例如，楼宇之间的局域网需要互相连接；一个公司希望将其附近的生产厂房、车间、管理中心等所有的网络连接在一起，便于资源共享、统一管理，实现信息的最大化利用；在大学校园里，教学楼、学生宿舍与计算中心等部门中独立的内部局域网，也需要组建在一起，可以方便学生和教师接入校园网和 Internet 等，这些需要连接各个局域网，都可以采用无线分布系统技术来实现。当出现距离过远、信号较弱、中间有障碍物阻挡的时候，就需要应用无线分布系统中的无线中继模式来连接组建网络。当需要连接的两个局域网之间有障碍物遮挡而不可视时，可以考虑使用无线中继的方法绕开障碍物，来完成两点之间的无线桥接。构建中继网桥可以有两种方式：单个桥接器作为中继器和两个桥接器背靠背组成中继点。单个桥接器可以通过分路器连接两个天线。由于双向通信共享带宽的原因，对带宽要求不是很敏感的用户来说，此方式是非常简单实用的。对带宽要求较高的用户，可采用背靠背两个处于不同频段的桥接器工作于无线网桥模式，每个无线网桥分别连接一个天线构成桥接中继，保证高速无线链路通信。两个背靠背的 AP 可以处于不同的频段，且可以同时工作于无线网桥模式，这样其功能就能得到扩大，信号在转发过程中也能得到最大的发挥。把带宽及速度提高到最大，以满足高要求的用户，保证其畅通程度。需要连接的两个网络在距离过远或者中间有障碍物的场合，就采用中继 AP 来实现网络的连接。选购 AP 设备的时候需要注意一点：不是所有的 AP 都支持 WDS，选购的时候要看清楚。同时还要看清发射功率和天线增益参数。AP 发射功率单位是 dBm，天线增益的单位是 dBi，这两个值越高，说明无线设备的信号穿透力越强。普通 AP 的发射功率在 20 dBm 以下，天线的增益为 2~3 dBi，按照经验，2 dBi 的增益天线信号可以穿透两堵墙。还有无线网络是共享网络，整个 WDS 相当于一个大的网络，用户越多，每个用户所得的带宽越低，最好买同一牌子的无线设备，根据实际情况选购何种带宽的设备。要用专用的定向天线，要做好防水防晒等护理措施。

无线中继覆盖点通常由两个 AP 模块构成，其中一个 AP 采用 SAI 模式工作（客户端模式），作为信号接收器接收前一站 AP 的无线信号，另外一个 AP 的模式采用标准 AP 覆盖模式，用来进行无线覆盖。这样，无线信号一方面可以一站一站地进行接力，构成无线中继；另一方面，每一站均可以实现本地区域覆盖。此种模式能实现网络信号的放大及延续，为网络组建解决距离上的问题。中继模式允许多个客户端链接，桥接模式只允许唯一认证的客户端。中继比无线桥接更高级。无线桥接就是将两个或多个 LAN 或 WAN 用无线连接，中继器就是延长无线信号的长度（不能说成是放大信号），当然就具有无线桥接功能，但用处不同，所以中继不能取代桥接。

4.1.3.5　AP Client 客户端模式

AP Client 客户端模式是指与服务器相对应，为客户提供本地服务的程序模式。中心点的 AP 设置成 AP 模式，可以提供有线局域网络的连接和自身无线覆盖区域的无线终端接入；远端有线局域网络或单台 PC 机所连接的 AP 设置成 AP Client 模式，远端有线局域网络计算机便可访问中心 AP 所连接的局域网络了。与桥接方式不同的是设置为 AP 模式的 AP1 仍然可以覆盖无线客户的接入，而若以桥接方式工作，AP1 则无法提供对无线客户的接入。

AP Client 客户端模式也称"主从模式"。在此模式下工作的 AP 会被主 AP 看作一台无线客户端，其地位和无线网卡等同。其基本结构如图 4.2 所示。

在图 4.2 中两台无线设备起着不同的作用，担当不同角色。无线设备 A 向上连接宽带线路，向下通过所支持的局域网标准与终端用户实现有线或无线连接。此时无线设备 A 既可以是一个无线路由器，也可以是一个无线接入器。

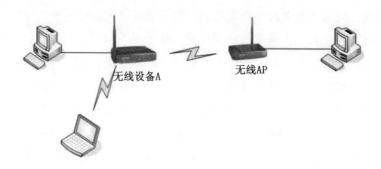

图 4.2

无线 AP 作为一台无线客户端设备，向下连接交换机，再通过有线方式连接最终用户，不能直接通过无线模式与客户终端连接。对于无线设备 A 来说，无线 AP 就是一台终端用户设备。这种方案配置提高了两台无线 AP 的使用率与用户数量，可满足多用户的无线互联与 Internet 接入需求。具体配置过程如下。

（1）无线设备 A 的配置。

无线设备 A 根据用户线路情况，既可以放置一个无线路由器，也可以放置一个无线中继器。以该点放置一个无线路由器为例。

首先使用路由器默认管理地址 192.168.1.1 进入路由器管理界面，然后点击无线参数中的基本设置，查看路由器此时的无线配置。记下该无线网络的 SSID 号，如图 4.3 所示。

同时在管理界面的运行状态下记录无线状态的 MAC 地址"00-21-27-74-97-1E"，如图 4.4 所示。

此时，无线路由器不需要做任何其他设置。

（2）无线 AP 的配置。

步骤 1：电脑通过有线连接到无线 AP。将电脑本地连接的 IP 地址设置为192.168.1.X 网段，使用默认管理地址 192.168.1.1 登录到无线 AP 的管理界面。

步骤 2：在"网络设置"中将无线 AP 的管理地址修改为 192.168.1.2，如图 4.5 所示，这样可避免与前端的无线路由器管理地址相冲突。

步骤 3：在"无线参数"的"基本设置"中选择"Client"模式。在子项中选择"SSID"，并且填上前端无线路由器的 SSID 号"TP-LINK_74971E"；或者在子项中选择"AP 的 MAC 地址"，并填上前端无线路由器的无线 MAC 地址"00-21-27-74-97-1E"，如图 4.6 所示。

如果没有记下前端无线路由器的无线 MAC 地址，则可以点击"无线参数设置"页面中的"搜索"按钮。此时，无线 AP 会自动搜索周围的无线信号。我们只需要选择前端无线路由器的无线信号"TP-LINK_74971E"，点击"连接"即可，如图 4.7 所示。

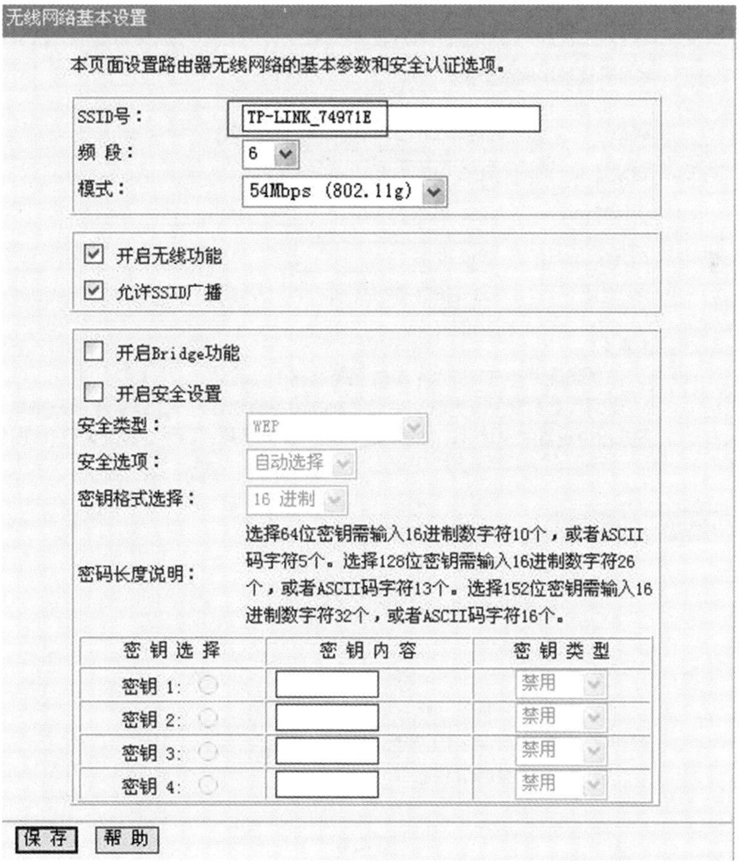

图 4.3

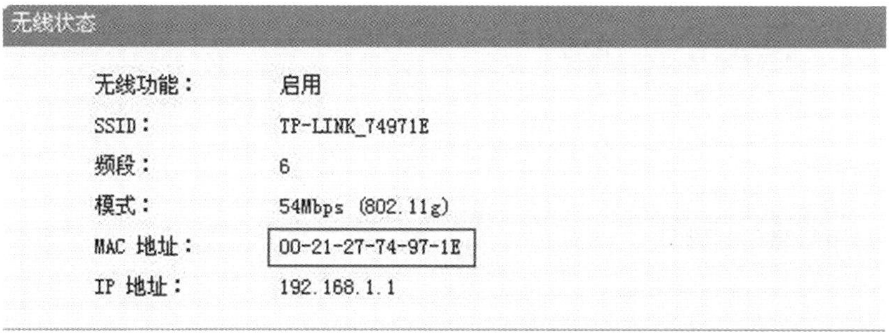

图 4.4

　　如果无线 AP 搜索到的无线信号与周围其他无线信号集中在一个频段中，则修改前端无线路由器无线信号的频段，与干扰最强的无线频段相隔 5 个或 5 个以上的频段。如果无线信号要进行无线加密，则无线路由器与无线 AP 的加密方式和加密密钥要一致。

网络设置

本页设置基本网络参数。

类型：　　　静态IP

IP地址：　　192.168.1.2

子网掩码：　255.255.255.0

网关：　　　0.0.0.0

MAC地址：　00-21-27-02-93-8E

注意：

1、如果配置为动态IP类型，DHCP服务器将不会启动。

2、当网络参数发生变更时，为确保DHCP服务器能够正常工作，应保证DHCP服务器中设置的地址池、静态地址与新的IP处于同一网段，并请重启系统。

保存　帮助

图 4. 5

○ Client

☐ 开启WDS功能

⊙ SSID:　TP-LINK_74971E

○ AP的MAC地址：

图 4. 6

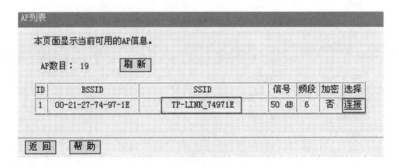

AP列表

本页面显示当前可用的AP信息。

AP数目：19　　刷新

ID	BSSID	SSID	信号	频段	加密	选择
1	00-21-27-74-97-1E	TP-LINK_74971E	50 dB	6	否	连接

返回　帮助

图 4. 7

4. 1. 3. 6　Mesh 结构

Mesh 结构网络即无线网格网络，是"多跳"（MultiHop）网络，由 Ad-hoc 网络发展而来，是解决"最后一千米"问题的关键技术之一。在向下一代网络演进的过程中，无线是一个不可缺的技术。无线 Mesh 可以与其他网络协同通信，是一个动态的可以不断扩展的网络架构，任意的两个设备均可以保持无线互联。

无线 Mesh 网络凭借多跳互联和网状拓扑特性，已经演变为适用于宽带家庭网络、社区网络、企业网络和城域网络等多种无线接入网络的有效解决方案。无线 Mesh 路由器以多跳互联的方式形成自组织网络，为 WMN 组网提供了更高的可靠性、更广的服务覆盖范围和更低的前期投入成本。WMN 继承了无线自组织网络的大部分特性，但仍存在一些差异。一方面，不同于无线 Ad-hoc 网络节点的移动性，无线 Mesh 路由器的位置通常是固定的；另一方面，与能量受限的无线 Ad-hoc 网络相比，无线 Mesh 路由器通常具有固定电源供电。此外，WMN 也不同于无线传感器网络，通常假定无线 Mesh 路由器之间的业务模式相对稳定，更类似于典型的接入网络或校园网络。因此，WMN 可以充当业务相对稳定的转发网络，如传统的基础设施网络。当临时部署 WMN 执行短期任务时，通常可以充当传统的移动自组织网络。

WMN 的一般架构由三类不同的无线网元组成：网关路由器（具有网关/网桥功能的路由器）、Mesh 路由器（接入点）和 Mesh 客户端（移动端或其他）。其中，Mesh 客户端通过无线连接的方式接入到无线 Mesh 路由器，无线 Mesh 路由器以多跳互联的形式，形成相对稳定的转发网络。在 WMN 的一般网络架构中，任意 Mesh 路由器都可以作为其他 Mesh 路由器的数据转发中继，并且部分 Mesh 路由器还具备 Internet 网关的附加能力。网关 Mesh 路由器则通过高速有线链路来转发 WMN 和 Internet 之间的业务。WMN 的一般网络架构可以视为由两个平面组成，其中接入平面向 Mesh 客户端提供网络连接，而转发平面则在 Mesh 路由器之间转发中继业务。随着虚拟无线接口技术在 WMN 中使用的增加，WMN 分平面设计的网络架构变得越来越流行。

Mesh 组网需综合考虑信道干扰、跳数选择、频率选取等因素。本节将以基于 IEEE 802.11s 的 WLAN MESH 为例，分析实际可能的各种组网方案，其中重点分析单频组网和双频组网方案及性能。

单频组网方案主要用于设备及频率资源受限的地区，分为单频单跳及单频多跳。单频组网时，所有的无线接入点 Mesh AP 和有线接入点 Root AP 的接入和回传均工作于同一频段，可采用 2.4 GHz 上的信道 802.11b/g 进行接入和回传。按照产品实现方式及组网时信道干扰环境的不同，各跳之间采用的信道可能是完全独立的无干扰信道，也可能是存在一定干扰的信道（实际环境中多为后者）。此时由于相邻节点之间存在干扰，所有节点不能同时接收或发送，需要在多跳范围内用 CSMA/CA 的 MAC 机制进行协商。随着跳数的增加，每个 Mesh AP 分配到的带宽将急剧下降，实际单频组网性能也将受到很大限制。

双频组网中每个节点的回传和接入均使用两个不同的频段，如本地接入服务用 2.4 GHz 802.11b/g 信道，骨干 Mesh 回传网络使用 5.8 GHz 802.11a 信道，互不干扰。这样每个 Mesh AP 就可以在服务本地接入用户的同时，执行回传转发功能。双频组网相比单频组网，解决了回传和接入的信道干扰问题，大大提高了网络性能。但在实际环境和大规模组网中，回传链路之间由于采用同样的频段，仍无法完全保证信道之间没有干扰，随着跳数的增加，每个 Mesh AP 分配到的带宽仍存在下降的趋势，离 Root AP 远的 Mesh AP 将处于信道接入劣势，故双频组网的跳数也应该谨慎设置。

无线 Mesh 网络实施中涉及的关键技术主要包括：多信道协商、信道分配、网络发现、路由转发、Mesh 安全。

（1）多信道协商。

无线 Mesh 网络进行多信道接入时，网络中的 MP 节点一次只能侦听一个信道，为了使用多信道，节点不得不在可用信道之间动态切换，这就需要一种协调机制，保证通信的两个节点都工作在相同的信道上。一种解决方法是将时间轴划分为信标间隔，在每一个信标间隔的开始建立一个叫作 ATIM 的时间窗口，并要求在 ATIM 时间窗口的起始时刻，网络中所有节点都被强制切换到相同的信道上。在 ATIM 窗口内，有数据需要发送的节点使用控制消息和接收端协商信道。这种多信道协商方法的目的是要选择业务负载小的信道，尽可能地平衡信道负载，减小竞争。

（2）信道分配。

信道分配技术主要用于多信道无线 Mesh 网络中多个信道的使用和管理，在保证网络良好连通性的同时，降低 Mesh 网络中发生信道冲突的概率，以提升网络效率。与多信道协商技术不同的是，信道分配技术是从信道频率资源划分的角度，分配 Mesh 网络中多个信道的使用，比如为 MP 之间的互联定义一组信道、为 MAP 和 Mesh STA 之间的互联定义另一组信道。组划分是一种常用的无线 Mesh 网络信道分配方案，其将每个 MP 节点的所有邻居节点进行组划分，然后每个组进行信道的统一指定；每个组分配的信道则选择节点冲突邻域内使用次数最少的信道进行指定并保证组间的互联。

（3）网络发现。

网络发现技术主要用于 Mesh 网络中新节点和邻居节点的发现以及建立相应的信息列表。网络发现主要采用网络扫描和列表维护的方式进行，其中网络扫描是指无线 Mesh 网络中的 MP 节点通过主动发送或监听 Beacon 信号对其周围的邻居节点进行监听，而列表维护则是把通过网络扫描发现的属于同一 Mesh 网络的邻居节点的信息加入列表中。如果发现的邻居节点是新节点，则其可以通过路由表被整个网络发现。

（4）路由转发。

无线 Mesh 网络的很多技术特点和优势来自其 Mesh 网状连接和寻路，而路由转发的设计则直接决定 Mesh 网络对其网状连接的利用效率，影响网络的性能。在设计无线 Mesh 网络路由协议时要注意：第一，不能仅根据"最小跳数"来进行路由选择，而要综合考虑多种性能度量指标，综合评估后进行路由选择；第二，要提供网络容错性和健壮性支持，能够在无线链路失效时，迅速选择替代链路避免业务提供中断；第三，要能够利用流量工程技术，在多条路径间进行负载均衡，尽量最大限度利用系统资源；第四，要求能同时支持 MP 和 Mesh STA。常用的无线 Mesh 路由协议可参照 Ad-hoc 网络的路由协议，几种典型的路由协议包括：动态源路由协议（DSR）、目的序列距离矢量路由协议（DSDV）、临时排序路由算法（TORA）和 Ad-hoc 按需平面距离向量路由协议（AODV）等。DSR 是最常见的一种对等的基于拓扑的反应式自组织路由协议，它的特点是采用积极的缓存策略以及从源路由中提取拓扑信息，通过比对，实现路由创建。

（5）Mesh 安全。

Mesh 网络特有的多跳自组织特性导致其特有的安全目标，例如 Mesh 节点间的双向认证、各跳端到端链路数据流量的机密性和完整性保护、Mesh 节点的接入控制和管理。为了有针对性地解决这些安全问题，Mesh 安全技术被提出来。Mesh 安全关联（Mesh Security Association，MSA）是一种常用的 Mesh 安全架构。在 MSA 安全架构中，密钥体系是其核心。一个 MP 只有通过身份认证后建立起一套密钥体系才被允许在网络中发起通信。MSA 架构将参与安全交互的 MP 节点分成 3 种角色：Candidate MP，MA 和 MKD。Candidate MP 是指希望加入 Mesh 网络的节点。MA 是具备为 Candidate 节点提供认证服务资格的节点，它能够建立并维护一条通往 MKD 的安全链路，以保证经其转发的 Candidate MP 证信息的安全。MKD 与外部认证服务器 AS 之间存在一条安全物理链路，主要负责主密钥的生成和分发以及确认 MA 的资格。初始 MSA 认证用于安全地建立 MP 对之间的链路。每个 Candidate MP 至少经过一次成功的初始 MSA 认证才可以在网络中传输数据。一个完整的 MSA 认证过程可分为以下 3 个阶段：PLM（PeerLink Management）协议交互阶段、EAP 认证阶段、MSA4 次握手阶段。PLM 用于协商后续阶段所需的各种安全参数，并定义密钥选择流程和角色选择流程，允许 MP 通信对进行存储密钥的协商和 EAP 认证阶段各自角色的选择。在 EAP 认证阶段使用 EAP 框架实现客户身份认证，最终将 MKD 生成的 PMK-MA 和随机数分发到对应的 MA。MSA4 次握手阶段将通过双方共享的 PMK-MA 和交换的两个随机数生成最终的会话密钥，并使用该会话密钥保护传输数据的机密性和完整性，到此完成密钥体系链路安全分支的建立。

4.2　无线网络技术原理

自从英特尔公司向市场推出名为迅驰（Centrino）的无线整合技术后，整个无线网络市场被挖掘出来。下面就来介绍这种技术的系统原理。

4.2.1　无线网络技术性能指标

现在无线网通信协议主要采用的标准是 IEEE 802.11b、IEEE 802.11g 和 IEEE 802.11a。表 4.1 是它们三者性能指标的比较。

表 4.1

标准	IEEE 802.11b	IEEE 802.11g	IEEE 802.11a
工作频段/GHz	2.4	2.4，5	5
数据速率/（Mb·s^{-1}）	1，2，5.5，11	1，2，5.5，11；6，12，24，9，18，36，48，54	6，12，24，9，18，36，48，54

表4.1(续)

标准	IEEE 802.11b	IEEE 802.11g	IEEE 802.11a
覆盖范围/m	150~300	50~150	30

在无线网络市场中，IEEE 802.11a 产品在国外使用广泛，IEEE 802.11b 是国内无线网络的主流标准，IEEE 802.11g 由于速率高及与 IEEE 802.11a 和 IEEE 802.11b 的兼容性而受到人们青睐。从发展来看，今后应采用双频三模（IEEE 802.11a/b/g）的产品。双频三模无线产品不但可工作在与 IEEE 802.11a 相同的 5 GHz 频段，还可与工作在 2.4 GHz 的 IEEE 802.11b 和 IEEE 802.11g 产品全面兼容，支持整个 IEEE 802.11a，b，g 标准、完整互通性单一平台，实现无线标准的互联与兼容。

4.2.2　无线网络关键技术

正如传闻所言，无线网络所遵循的 IEEE 802.11 标准是以前军方所使用的无线电通信技术。而且，至今还是美军军方通信器材对抗电子干扰的重要通信技术。因为无线网络中所采用的展频（Spread Spectrum，SS）技术具有非常优良的抗干扰能力，并且当需要反跟踪、反窃听时具有很出色的效果，所以不需要担心无线网络技术不能提供稳定的网络服务。常用的展频技术有如下 4 种：直序展频（DS-SS）、跳频展频（FH-SS）、跳时展频（TH-SS）、连续波调频（C-SS）。其中 DS-SS 和 FH-SS 展频技术最常见。TH-SS 和 C-SS 根据前面的技术加以变化，通常不会单独使用，而是整合到其他的展频技术上，组成信号更隐秘、功率更低、传输更为精确的混合展频技术。综合来看，展频技术有以下方面的优势：反窃听、抗干扰、有限度的保密。此外，关键技术还包括 OFDM 技术等。

4.2.2.1　直序展频技术

直序展频技术是指把原来功率较高而且带宽较窄的原始功率频谱分散在很宽的带宽上，使得整个发射信号利用很少的能量即可传送出去。在传输过程中把单个 0 或 1 的二进制数据使用多个片段（chips）进行传输，然后接收方统计 chips 的数量来增加抵抗噪声干扰。例如要传送一个 1 的二进制数据到远程，DS-SS 会把这个 1 扩展成三个 1，也就是 111 进行传送。那么即使是在传送中因为干扰，使得原来的三个 1 成为 011，101，110，111 信号，也能通过统计 1 出现的次数来确认该数据为 1。这种发送多个相同的 chips 的方式，就比较容易减少噪声对数据的干扰，提高接收方所得到数据的正确性。另外，由于所发送的展频信号会大幅降低传送时的能量，所以在军事用途上会利用该技术把信号隐藏在 Back Ground Noise（背景噪声）中，减少敌人监听到我方通信的信号以及频道。这就是展频技术所隐藏信号的反监听功能。

4.2.2.2　跳频展频技术

跳频展频技术（frequency-hopping spread spectrum，FH-SS）技术是指把整个带宽分

割成不少于 75 个频道，每个不同的频道都可以单独传送数据。当传送数据时，根据收发双方预定的协议，在一个频道传送一定时间后，就同步"跳"到另一个频道上继续通信。FH-SS 系统通常在若干不同频段之间跳转来避免相同频段内其他传输信号的干扰。在每次跳频时，FH-SS 信号表现为一个窄带信号。若在传输过程中，不断地把频道跳转到协议好的频道上，在军事用途上就可以用来作为电子反跟踪的主要技术。即使敌方能从某个频道上监听到信号，但因为我方会不断跳转到其他频道上通信，所以敌方就很难追踪到我方下一个要跳转的频道，达到反跟踪的目的。

如果把前面介绍的 DS-SS 以及 FS-SS 整合一起使用的话，将会成为 hybrid FH/DS-SS。这样，整个展频技术就能把原来信号展频为能量很低、不断跳频的信号，使得信号抗干扰能力更强、敌方更难发现，即使敌方在某个频道上监听到信号，但不断地跳转频道，使敌方不能获得完整的信号内容，完成利用展频技术隐秘通信的任务。

FH-SS 系统所面临的一个主要挑战便是数据传输速率。就目前情形而言，FH-SS 系统使用 1 MHz 窄带载波进行传输，数据传输率可以达到 2 Mb/s，不过对于 FH-SS 系统来说，要超越 10 Mb/s 的传输速率并不容易，从而限制了它在网络中的使用。

4.2.2.3　OFDM 技术

它是一种无线环境下的高速多载波传输技术。其主要思想是：在频域内将给定信道分成许多正交子信道，在每个子信道上使用一个子载波进行调制，各子载波并行传输，从而能有效地抑制无线信道的时间弥散所带来的符号间干扰（ISI）。这样就减少了信道均衡的复杂度，有时甚至可以不采用均衡器，仅通过插入循环前缀的方式就消除 ISI 的不利影响。

OFDM 技术具有非常广阔的发展前景，已成为第四代移动通信的核心技术。IEEE 802.11a，g 标准为了支持高速数据传输都采用了 OFDM 调制技术。目前，OFDM 结合时空编码、分集、干扰（包括符号间干扰 ISI）和邻道干扰（ICI）抑制以及智能天线技术，最大限度地提高了物理层的可靠性；如再结合自适应调制、自适应编码以及动态子载波分配和动态比特分配算法等技术，其性能会进一步优化。

4.2.3　无线网络 MAC 层关键技术

4.2.3.1　CSMA/CA 协议

总线型局域网在 MAC 层的标准协议是 CSMA/CD（Carrier Sense Multiple Access with Collision Detection），但是由于无线产品的适配器不易检测信道是否存在冲突，因此 IEEE 802.11 定义了一种新的协议，它就是 CSMA/CA。无线网络标准 IEEE 802.11 的 MAC 与 IEEE 802.3 协议的 MAC 非常相似，都是在一个共享媒体之上支持多个用户共享资源，由发送者在发送数据前先进行网络的可用性检测。在 IEEE 802.3 协议中，CS-MA/CD 完成调节，这个协议解决了在以太网上的各个工作站如何在线缆上进行传输的问题,利用它检测和避免当两个或两个以上的网络设备需要进行数据传送时网络上的冲突。在 IEEE 802.11 无线局域网协议中,无线传输信号的性质决定了无线信道接收与发送信号时,无法采用 CSMA/CD 通过电压变化检测冲突的方法(Near/Far 现象),同时无线网络中存在隐蔽站与暴露站的问题,因此设计了 CSMA/CA 来完成无线局域网下的冲突检测和避免。在 IEEE 802.11 中对 CSMA/CD 进行了一些调整,采用了新的协议 CSMA/CA 或者 DCF(distributed coordination function)。CSMA/CA 利用 ACK 信号来避免冲突的发生,也就是说,只有当客户端收到网络上返回的 ACK 信号后才确认送出的数据已经正确到达目的地址。

这种协议实际上就是在发送数据帧之前先对信道进行预约。它的工作原理如下。

(1)首先检测信道是否使用,如果检测出信道空闲,则等待一段随机时间后才送出数据。

(2)接收端如果正确收到此帧,则经过一段时间间隔后,向发送端发送确认帧 ACK。

(3)发送端收到 ACK 帧,确定数据正确传输,经过一段时间间隔后,会出现一段空闲时间。

CSMA/CA 协议的工作流程分为两部分:一是送出数据前,监听媒体状态,等没有人使用媒体,维持一段时间后,才送出数据。由于每个设备采用的随机时间不同,所以可以减少冲突的机会。二是送出数据前,先发送一段小小的请求传送报文(request to send,RTS)给目标端,等待目标端回应 CTS(Clear to Send)报文后,才开始传送。利用 RTS-CTS 握手程序,确保接下来传送资料时不会被碰撞。同时由于 RTS-CTS 封包都很小,则传送的无效开销变小。

CSMA/CA 通过这两种方式来提供无线的共享访问,这种显式的 ACK 机制在处理无线问题时非常有效。然而,不管是对于 802.11 还是 802.3 来说,这种方式都增加了额外的负担,所以 802.11 网络同类似的以太网比较总是在性能上稍逊一筹。CSMA/CD 是带有冲突检测的载波监听多路访问,可以检测冲突,但无法"避免"。CSMA/CA 是带有冲突避免的载波监听多路访问,发送包的同时不能检测到信道上有无冲突,只能尽量"避免"。两者的传输介质不同,CSMA/CD 用于总线式以太网,而 CSMA/CA 则用于无线局域网 802.11a,b,g,n 等。二者的检测方式不同,CSMA/CD 通过电缆中电压的变化来检测,当数据发生碰撞时,电缆中的电压就会随着发生变化;而 CSMA/CA 采用能量检测(ED)、载波检测(CS)和能量载波混合检测三种检测信道空闲的方式。WLAN 中,对某个节点来说,其刚刚发出的信号强度要远高于来自其他节点的信号强度,也就是说,它自己的信号会把其他的信号给覆盖掉。本节点处有冲突并不意味着在接收节点处就有冲突。所以在 WLAN 中实现 CSMA/CD 比较困难。

从理论上来讲,MAC 层的 CSMA/CA 协议完全能够解决局域网级的多用户信道竞争问题。但是,对于无限环境而言,它不像有线广播媒体那样好控制,来自其他 LAN 中的用户传输会干扰 CSMA/CA 的操作。而且，在无线环境中，因为发射设备的功率通常要比接收设备的功率强得多，检测冲突是困难的，因此，不可能终止互相冲突的传输，在这种环境下，设计一个能够帮助避免冲突的系统更为有意义。无线局域网存在隐藏站点的问题，大多数无线电都是半双工的，它们不能在同一频率上发送并同时监听突发噪声。因此，IEEE 802.11 采用了 CSMA/CA 技术，CA 表示冲突避免，这种协议实际上是在发送数据帧前需要对信道进行预约。

4.2.3.2　BTMA 协议

忙音多路访问（BTMA）协议就是为解决暴露终端的问题而设计的。BTMA 把可用的频带划分成数据（报文）通道和忙音通道。当一个设备在接收信息时，它把特别的数据即一个"音"放到忙音通道上，其他要给该接收站发送数据的设备在它的忙音通道上听到忙音，知道不要发送数据。在暴露终端的情况下，在一个无线覆盖区域中的一个设备检测不到在邻接覆盖区域中忙音通道上的忙音。

4.2.3.3　MAC 层 IEEE 802.11e 协议

在 IEEE 802.11e 中，每一个无线节点成为 QSTA（支持 QoS 的无线站点），它可以通过增强的分布式信道接入机制（EDCA）和主机控制器通信区（HCCA）两种方式访问信道。其中 EDCA 机制与分布协调功能（802.11DCF）相似，只是针对不同优先级的访问类别有不同的帧间隔和竞争窗口。而在 HCCA 机制中，一个控制节点可以优先访问信道，并调度其他 QSTA 获得一段传输机会（TXOP）发送多个数据包。相较于分布式协调功能/点协调功能（802.11DCF/PCF），802.11EDCA/HCCA 主要做了以下几个方面的扩充：第一，属于不同优先级的站点在进行二进制回退争抢信道时，需要等待不同的任意帧间隔。与 802.11DCF 等待相同的分布式协调 IFS（DIFS）时间不同，在 EDCA 中，属于优先级的站点需要等待仲裁帧间间隔（AIFS）。第二，属于不同优先级的站点在进行二进制回退争抢信道时，所用的最大竞争窗口和最小竞争窗口范围不同。优先级越高，最大竞争窗口的数值越小。因此高优先级的站点其计数器的取值较小，可以更早地递减到 0。第三，引入了虚拟竞争，在同一个站点内部，IEEE 802.11e 把所有数据包分成 8 类，映射到 4 个接入等级，每一个接入等级都对应站点内部的一个队列，当高优先级的队列和低优先级的队列计数器同时到 0 时，站点内部的调度器会判断高优先级成功发送，而低优先级队列则进行二进制回退，再次争抢信道。第四，引入了 TXOP，在 IEEE 820.11e 的 HCCA 机制中，一个控制节点可以优先访问信道，并调度其他 QSTA 对信道访问。

IEEE 802.11e 定义了无线网络的服务质量（quality of service，QoS），例如对语音 IP 的支持。IEEE 802.11e 标准定义了混合协调功能（HCF）。HCF 以新的访问方式取代了 DCF 和 PCF，以便提供改善的访问带宽，并且减少高优先等级通信的延迟。这称作"增强分布式协调访问"（EDCA）的访问方式扩展了 DCF 的功能，名为"混合控制信道访问"（HCCA）的访问方式扩展了 PCF 的功能。

EDCA 指定了 4 种访问类型，每一种类型对应一类数据。每一个访问类别配置了四个参数：CW_{min} 即最小竞争窗口，CW_{max} 即最大竞争窗口，TXOP 即发送机会限制，AIFS 即仲裁帧间间隔。为每一类数据设置这些参数能够让网络管理员根据应用程序组合和通信量调整网络。

在 DCF 应用中，一个拥有待发送数据的站点要等到媒体空闲时才能发送。但是，采用 IEEE 802.11e 标准，这个站点等待额外的时间段，额外时间段的长度根据要发送的数据类型而定。为这种数据访问类设置的 AIFS 值定义额外等待时间段。对于语音访问类的数据，AIFS 值应该设置得小一些；对于电子邮件和 FTP 类的数据，AIFS 值应该设置得大一些。语音要求延迟时间短，小的 AIFS 值意味着语音数据能够比不太敏感的通信更快地开始下一个阶段的网络竞争。经过 AIFS 时间段之后，这个站点生成一个在 CWmin 和 CWmax 之间的随机数字。高优先等级的访问类应该设置低的 CWmin 和低的 CWmax。AIFS，CWmin 和 CWmax 应该结合在一起进行设置。这样，高优先等级的数据在大多数情况下都可以获得访问网络的权限。为高优先等级数据设置的 AIFS 值与 CWmax 值相加的和应该大于为低优先等级数据设置的 AIFS 值与 CWmin 值相加的和，这样，低优先等级的数据就不会完全被封锁。用于一个访问类的 TXOP 定义一次发送的最大长度。如果要发送的数据太大不能在 TXOP 限制内发送，这个站点就把这个数据分多次发送。对于语音数据的 TXOP 限制很小，因为语音数据包很短。对于 FTP、电子邮件和网络数据来说，应该设置较大的 TXOP 限制，这样，当发送数据的时候，就不需要把数据分多次发送了。

接入点能够通过使用传输规范（TSPEC）控制网络工作量。一个接入点能够要求每一个站点为每一个访问类发送一个传输规范请求。这个请求将具体说明这个站点为每一个访问类申请的数据量以及可以承受多长时间的延迟。如果一个接入点计算它从各个站点收到的请求超过了网络的容量，它将拒绝这些请求。如果一个申请遭到拒绝，提出申请的站点就不再发送那种访问类的数据，并且必须把这种访问类的数据结合到优先等级低的数据中。同 PCF 一样，HCCA 是一种轮询协议。当使用时，它总是能够获得访问媒体的权限，因为它等待的时间比任何 EDCA 用户最短的 AIFS 时间还要短。HCCA 能够为每一个应用配置单独的服务质量设置。位于接入点中的混合协调器（HC）轮流查询单个的站点，并且根据已经配置的具体服务质量设置批准访问媒体的权限。这里没有竞争，因此，高优先等级数据的延迟不会随着网络通信的增加而遭到损失。

IEEE 802.11e 协议主要是对 IEEE 802.11 协议中 MAC 部分的增强，以实现多媒体业务的 QoS 支持。IEEE 802.11e 协议主要基于 HCF 功能实现信道接入，其根据 MAC 层协议数据单元 MSDU 不同的用户优先级（User Priority，UP）赋予不同的 AC 类型。

4.2.4　无线网络的传输方式

传输方式涉及无线局域网采用的传输媒体、选择的频段及调制方式。目前，无线网络采用的传输媒体主要有两种，即微波和红外线，微波和红外线都属于电磁波。按照不同的调制方式，采用微波作为传输媒体的无线网又可分为扩展频谱方式和窄带调制方式。

近年来，基于红外线（infrared rays，IR）的传输技术有了很大发展，目前广泛使用的家电遥控器几乎都采用红外线传输技术。红外线传输技术采用波长小于 1 um 的红外线作为传输媒体，有较强的方向性。由于它采用了低于可见光的部分频谱作为传输媒体，因此使用不受无线电管理部门的限制。红外信号要求视距（直观可见距离）传输，因此很难被窃听，对邻近区域的类似系统也不会产生干扰。作为无线网络的传输方式，采用红外线通信方式与微波方式比较，可以提供极高的数据传输速率，有较高的安全性，且设备相对简单、便宜。但由于红外线对障碍物的透射和绕射能力很差，使得传输距离和覆盖范围都受到很大限制，通常 IR 无线网络的覆盖范围被限制在一间房屋内。另外，在实际应用中，由于红外线具有很高的背景噪声，受日光、环境照明等影响较大，一般信号源设备的发射功率要大一些。

大多数无线网络都使用扩展频谱（spread spectrum，SS）技术（简称"扩频技术"）来传输数据。在扩展频谱方式中，数据基带信号的频谱被扩展到几倍至几十倍，再被搬移到射频发射出去。这一做法虽然牺牲了频带带宽，但提高了通信系统的抗干扰能力和安全性。由于单位频带内的功率降低，对其他电子设备的干扰也就减小了。扩频技术是一种宽带无线通信技术，最早应用于军事通信领域。在扩频通信方式下，传输信息的信号带宽远大于信息本身的带宽，信息带宽的扩展是通过编码方式实现的，与所传输数据无关。扩频通信具有抗干扰能力强、隐蔽性强、保密性好、多址通信能力强等特点，能够保证数据在无线传输中完整可靠，并确保同时在不同频段传输的数据不会互相干扰。

在窄带微波（narrowband microwave）无线网中，数据基带信号的频谱不做任何扩展即被直接搬移到射频发射出去。与扩展频谱方式相比，窄带调制方式占用频带少，频带利用率高。采用窄带调制方式的无线局域网一般采用专用频段，需要经过国家无线电管理部门的许可方能使用。当然，也可选用 ISM 频段，这样可免去向无线电管理委员会申请。但带来的问题是，当邻近的仪器设备也在使用这一频段时，会严重影响通信质量，通信的可靠性无法得到保证。

当把数据传送到一个近距离的设备时，可以通过网络连接同步输出到远程的接收设备。而且，在传送过程中能同时传输整个字节（8 位）的数据或多个字节，这样就可以使整个传输速度大幅度地提升。但是，对于远距离的传输则可能会因为传送信号被干扰，导致不能同时传送多个字节。接收方必须对所收到的数据进行侦错（error checking）操作，以确保传输数据的正确性。若发现收到的数据中有不符合侦错算法的内容，那么就会使用一定的措施来修复该错误，例如要求发送方重新发送被侦察到的错误位或字节。对于无线网络来说，因为其技术跟有线网络相似，所以在每次接受通信前都会有三次"握手"的过程。这三次"握手"可以保证传送数据的双方能在可靠的连接下进行通信。

在传送数据前，发送方不会立即把数据传送到网络上。因为发送方并不清楚接收方是否能立即处理数据，为了避免发送过去的数据被接收方"置之不理"，会先发送一个要求同步的握手要求（handshaking requests）。当接收方收到这样的要求，而且接收方也有足够的资源接收时，就会返回响应要求的包。在发送和接收双方之间经过三次"握手"操作后，就能确立一条持续通信的网络连接。"握手"过程如图 4.8 所示。

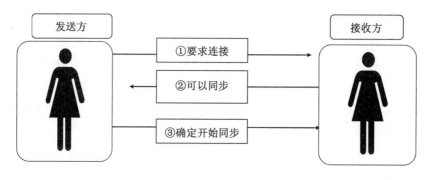

图 4.8

通常一个连接需要建立时，首先要确认是连接好的（即使是发送和接受双方之间有路由器等设备，把双方分割的两个不同子网络之间连接也算在该范围之内）。但由于无线网络是利用无线电波传送数据，所以在建立无线网络时并不需要有直接的设备连接。在传输介质连接后，设备就一直处于连接状态，直到设备被断开电源。但是该状态的连接并没有附带任何可以作为实际应用中用到的信息，例如 IP 地址、路由信息等内容。所以，需要利用操作系统为这些连接进行初次系统级别的连接操作"握手"。虽然在许多连接种类中，大部分都能传送高品质的语音或者简单的数据传输功能，但是，对于大规模数字数据的传输则显得有点力不从心。这是因为大规模数字数据传输是连续的通信连接，一旦在传输数据过程中连接受到干扰，那么所传送的大规模数据就会发生错误。所以，为了传送大规模数字数据，就要把数据分成一块块的、空间占用比较小的数据，也就是所谓数据包（packets）。这些 packets 是从一个数据信息中切割出来的，并且通过系统封装为 packets。所谓封装，就是把切割出来的数据整合到网络传输格式中去。所封装的 packets 会包含许多信息，例如数据的目的地、内容的大小等。每一个包中都会包含目的地的 IP 地址以及邻近的序列号，这样在发送过程中就会根据序列号侦测没有到达目的地的包，并且根据该号码重新组合为信息。所以，无线网络传送包要经过切割信息、封装（把目的地的 IP 地址封装到包）、发送到目的地、解开包、重组信息的步骤。而这些传送操作，对于用户而言，并不会感觉到烦琐的操作在进行。

由于一个网络架构必须要不同的传输设备进行相互操作，所以就需要统一相互之间的传输标准，使得传输能在相互都"了解"的情况下进行，避免不同厂商所生产的网络设备发生兼容性问题。物理层（the physical layer）是规范网络设备如何利用电子信号进行传输，且设备之间如何协调的内容。例如设备使用的电压、发送无线电的频率，甚至是设备与设备之间连接的线材插头都要规范为统一的形状；否则，将会出现电压过高而烧毁设备、发射频率不同步而不能接收信号、频道与频道之间的过分接近导致干扰、线材插头不统一造成无法连接等情况。综合来说，物理层是让不同厂商所生产的网络设备都能在统一的规范中相互传送的最基本的数据单元，也就是常说的"0"和"1"。例如所有设备都是使用大于 3.3 V 的电压表示"1"，而小于 0 V 的电压则表示为"0"。在无线网络中同样需要统一的物理层进行规范。但不同的是，无线局域网会在包中增加 144 bits 的内容，其中 128 bits 是让发送端设备以及接收端设备进行同步的内容。另外，16 bits 则是一个名为 start-of-frame 的 field（字段），表示该 Frame 的开始点。MAC 层（访问控制层）是用来控制数据如何从无线电波发送出去，以及其他无线网络产生的问题。例如通过 CSMA/CA 来解决传送冲突，或者增加安全，使得传输更加保密。在无线网络中，使用的两种过滤方式分别为 SSID 和 MAC。其中，SSID 是在 AP 的覆盖范围中的所有计算机都需要设为同一个 SSID（该 ID 必须与 AP 一致）。当客户端计算机要求进入该 AP 管辖的网络时，AP 就会检查客户端发送来的 ID 是否与自己所拥有的一致。若 ID 一致，AP 才允许计算机连接到网络。相反地，AP 将会拒绝客户端连接到网络。而 MAC 则是利用无线上 MAC 地址（独一无二的网卡卡号）判别计算机能否连接到网络中。MAC 通常在用户群比较固定的环境中使用，例如办公室。因为在办公室的环境中可以比较容易获得网卡上的 MAC，而且 MAC 并不会经常变化，所以在固定用户群体的环境中，使用 MAC 方式是比较常见的。除了物理层以及访问控制层外，还有一些在这两层以上的控制层。这些层控制许多功能，例如 IP 分配、路由、检测数据完整性等。这些高层与其他类型的网络没有什么两样，包括光纤、无线电波等连接方式。而且，在高层上完成的网络协议也可以使用相同的种类，例如 TCP/IP/Novell NetWare/Apple Talk 等。另外，在操作系统方面也不会有很大的区别，只要操作系统能提供兼容于 IEEE 802.11 标准的驱动程序、模块或者核心，操作系统就能使用无线网络，例如 Windows，Unix，Mac OS，Linux 等操作系统都能使用无线网络。

第 5 章　结构化布线与机房工程

　　结构化布线是一种模块化的、灵活性极高的建筑物内或建筑群之间的信息传输通道。通过结构化布线可以使话音设备、数据设备、交换设备以及各种控制设备与信息管理系统连接起来，同时也使这些设备与外部通信网络相连接。结构化布线还包括建筑物外部网络或电信线路的连接点与应用系统设备之间的所有线缆及相关的连接部件。结构化布线由不同系列和规格的部件组成，其中主要包括：传输介质、相关连接硬件（如配线架、连接器、插座、插头、适配器等）以及电气保护设备等。这些部件可用来构建各种子系统，它们都有各自的具体用途，不仅易于实施，而且能随需求的变化而平稳升级。

　　机房工程是指为确保计算机机房（也称数据中心）的关键设备和装置能安全、稳定和可靠运行而设计配置的基础工程。计算机机房基础设施的建设不仅要为机房中的系统设备运营管理和数据信息安全提供保障环境，还要为工作人员创造健康适宜的工作环境。

5.1　结构化布线系统概述

　　在结构化布线系统中，布线设备主要包括：配线架、传输介质、通信插座、插座板、线槽、管道及一些结构化布线工具等。在 1985 年之前的布线系统没有标准化，其中有几个原因。首先，本地电话公司总是关心他们的基本布线要求。其次，使用主机系统的公司要依靠其供货商来安装符合系统要求的布线系统。随着计算机技术的日益成熟，越来越多的机构安装了计算机系统，而每个系统都需要有自己独特的布线和连接器。客户开始大声抱怨每次他们更改计算机平台的同时也不得不相应改变其布线方式。为赢得并保持市场的信任，计算机通信工业协会（CCIA）与美国能源信息署（EIA）联合开发了建筑物布线标准。讨论在 1985 年开始，并取得一致，认为商用和住宅的话音和数据通信都应有相应的标准。EIA 将开发布线标准的任务交给了 TR-41 委员会。TR-41 委员会认识到该任务的艰巨性，于是设立了下属委员会及数个工作组来负责开发商用和住宅建筑物布线标准的各方面的广泛工作。这些委员会在开发这些标准时主要关注的重点是保证开发的标准独立于技术及生产厂家。建筑物布线基础设施标准主要有：ANSI/TIA/EIA-569（CSA T530）-商业大楼通信通路与空间标准、ANSI/TIA/EIA-568

-A（CSA T529-95）-商业大楼通信布线标准、ANSI/TIA/EIA-607（CSA T527）-商业大楼布线接地保护连接需求、ANSI/TIA/EIA-606（CSA T528）-商业大楼通信基础设施管理标准、ANSI/TIA/EIA TSB-67-非屏蔽双绞线布线系统传输性能现场测试、ANSI/TIA/EIA TSB-72-集中式光纤布线准则、ANSI/TIA/EIA TSB-75-开放型办公室水平布线附加标准、ANSI/TIA/EIA-568-AI-传输延迟和延迟差规范等。

5.1.1　结构化布线系统构成

结构化布线系统为开放式网络拓扑结构，能支持语音、数据、图像、多媒体业务等信息的传递。结构化布线系统工程宜按下列七个部分进行设计。

（1）工作区。一个独立的需要设置终端设备（TE）的区域宜划分为一个工作区。工作区应由配线子系统的信息插座模块（TO）、延伸到终端设备处的连接缆线及适配器组成。

（2）配线子系统。配线子系统应由工作区的信息插座模块、信息插座模块至电信间配线设备（FD）的配线电缆和光缆、电信间的配线设备及设备缆线和跳线等组成。

（3）干线子系统。干线子系统应由设备间至电信间的干线电缆和光缆、安装在设备间的建筑物配线设备（BD）及设备缆线和跳线组成。

（4）建筑群子系统。建筑群子系统应由连接多个建筑物之间的主干电缆和光缆、建筑群配线设备（CD）及设备缆线和跳线组成。

（5）设备间。设备间是在每幢建筑物的适当地点进行网络管理和信息交换的场地。对于结构化布线系统工程设计，设备间主要安装建筑物配线设备。电话交换机、计算机主机设备及入口设施也可与配线设备安装在一起。

（6）进线间。进线间是建筑物外部通信和信息管线的入口部位，并可作为入口设施和建筑群配线设备的安装场地。

（7）管理。管理应对工作区、电信间、设备间、进线间的配线设备、缆线、信息插座模块等设施按一定的模式进行标识和记录。

结构化布线系统的构成应符合以下要求。

第一，结构化布线系统基本构成应符合图 5.1 的要求。

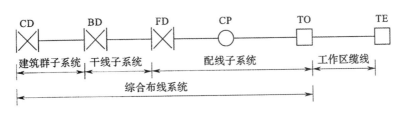

图 5.1

配线子系统中可以设置集合点（CP 点），也可不设置集合点。

第二，结构化布线子系统构成应符合图 5.2 的要求。

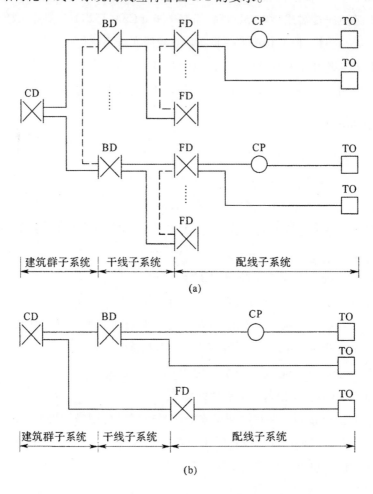

图 5.2

图 5.2 中的虚线表示 BD 与 BD 之间、FD 与 FD 之间可以设置主干缆线。建筑物 FD 可以经过主干缆线直接连至 CD，TO 也可以经过水平缆线直接连至 BD。

第三，结构化布线系统入口设施及引入缆线构成应符合图 5.3 的要求。

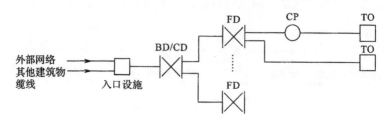

图 5.3

对设置了设备间的建筑物，设备间所在楼层的 FD 可以和设备中的 BD/CD 及入口设施安装在同一场地。

5.1.2 结构化布线系统分级与组成

在《商业建筑电信布线标准》TIA/EIA 568 A 标准中对于 D 级布线系统，支持应用的器件为 5 类，但 TIA/EIA 568 B. 2–1 中仅提出 5e 类（超 5 类）与 6 类的布线系统，并确定 6 类布线支持带宽为 250 MHz。TIA/EIA 568 B. 2–10 标准中又规定了 6A 类（增强 6 类）布线系统支持的传输带宽为 500 MHz。目前，3 类与 5 类的布线系统只应用于语音主干布线的大对数电缆及相关配线设备。结构化布线铜缆系统的分级与类别划分应符合表 5.1 的要求。

表 5.1

系统分级	支持带宽/Hz	支持应用器件	
		电缆	连接硬件
A	100 k		
B	1 M		
C	16 M	3 类	3 类
D	100 M	5/5e 类	5/5e 类
E	250 M	6 类	6 类
F	600 M	7 类	7 类

3 类、5/5e 类（超 5 类）、6 类、7 类布线系统应能支持向下兼容的应用。光纤信道分为 OF-300、OF-500 和 OF-2000 三个等级，各等级光纤信道应支持的应用长度不应小于 300 m、500 m 和 2000 m。F 级的永久链路仅包括 90 m 水平缆线和 2 个连接器件（不包括 CP 连接器件）。

结构化布线系统信道应由最长 90 m 水平缆线、最长 10 m 的跳线和设备缆线及最多 4 个连接器件组成，永久链路则由 90m 水平缆线及 3 个连接器件组成。连接方式如图 5.4 所示。

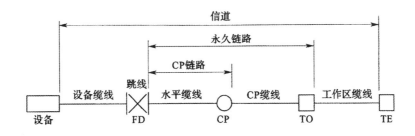

图 5.4

光纤信道构成方式应符合以下要求。

（1）水平光缆和主干光缆至楼层电信间的光纤配线设备应经光跳线连接（如图 5.5 所示）。

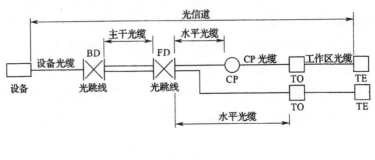

图 5.5

（2）水平光缆和主干光缆在楼层电信间应经端接（熔接或机械连接）连接（如图 5.6 所示）。

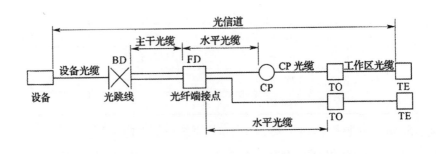

图 5.6

（3）水平光缆经过电信间直接连至大楼设备间光配线设备（如图 5.7 所示）。

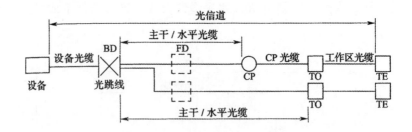

图 5.7

FD 安装于电信间，只作为光缆路径的场合。当工作区用户终端设备或某区域网络设备需直接与公用数据网进行互通时，宜将光缆从工作区直接布放至电信入口设施的光配线设备处。

《用户建筑综合布线》ISO/IEC 11801 2002-09 5.7 与 7.2 条款及 TIA/EIA 568 B.1

标准列出了综合布线系统主干缆线及水平缆线等的长度限值。但是结构化布线系统在网络的应用中，可选择不同类型的电缆和光缆，因此，在相应的网络中所能支持的传输距离是不相同的。在 IEEE 802.3 an 标准中，结构化布线系统 6 类布线系统在 10G 以太网中所支持的长度应不大于 55 m，但 6A 类和 7 类布线系统支持长度仍可达到 100 m。为了更好地执行本规范，现在表 5.2 和表 5.3 中分别列出光纤在 100M、1G、10G 以太网中支持的传输距离，供设计参考。

表 5.2

光纤类型	应用网络	光纤直径/μm	波长/nm	带宽/MHz	应用距离/m
多模	100BASE-FX				2000
	1000BASB-SX			160	220
	1000BASE-LX	62.5	850	200	275
				500	550
	1000BASE-SX		850	400	500
				500	550
	1000BASE-LX	50	1300	400	550
				500	550
单模	1000BASE-LX	<10	1310		5000

表 5.3

光纤类型	应用网络	光纤直径/μm	波长/nm	模式带宽/MHz·km	应用范围/m
多模	10GBASE-S	62.5	850	160/150	26
				200/500	33
				400/400	66
		50		500/500	82
				2000	300
	10GBASE-LX4	62.5	1300	500/500	300
		50		400/400	240
				500/500	300
单模	10GBASE-L	<10	1310		1000
	10GBASE-E		1550		3 万~4 万
	10GBASE-LX4		1300		1000

综合布线系统水平缆线与建筑物主干缆线及建筑群主干缆线之和所构成信道的总长度不应大于 2000 m。为使网络工程设计人员了解布线系统各部分缆线长度的关系及要求，特依据 TIA/EIA 568 B. 1 标准列出表 5.4 和图 5.8，以供在网络工程设计中应用。

表 5.4

缆线类型	各线段长度限值/m		
	A	B	C
100 Ω 对绞电缆	800	300	500
62.5 m 多模光缆	2000	300	1700
50 m 多模光缆	2000	300	1700
单模光缆	3000	300	2700

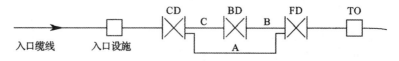

图 5.8

如果 B 距离小于最大值，C 为对绞电缆的距离可相应增加，但 A 的总长度不能大于 800 m。表中 100 Ω 对绞电缆作为语音的传输介质。单模光纤的传输距离在主干链路时允许达 60 km，但被认可至本规定以外范围的内容。对于电信业务经营者在主干链路中接入电信设施能满足的传输距离不在本规定之内。在总距离中可以包括入口设施至 CD 之间的缆线长度。建筑群与建筑物配线设备所设置的跳线长度不应大于 20 m，如超过 20 m 时主干长度应相应减少。建筑群与建筑物配线设备连至设备的缆线不应大于 30 m，如超过 30 m，主干长度应相应减少。当建筑物或建筑群配线设备之间（FD 与 BD，FD 与 CD，BD 与 BD，BD 与 CD 之间）组成的信道出现 4 个连接器件时，主干缆线的长度不应小于 15 m。配线子系统各缆线长度应符合图 5.9 所示的划分。

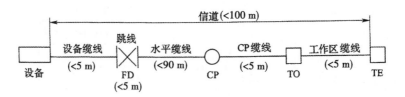

图 5.9

配线子系统信道的最大长度不应大于 100 m。设备缆线、跳线和设备缆线之和不应大于 10 m，当大于 10 m 时，水平缆线长度（90 m）应适当减少。FD 跳线、设备缆线及工作区设备缆线各自的长度不应大于 5 m。

5.1.3 结构化布线系统设计

结构化布线系统工程设计应按照近期和远期的通信业务、计算机网络拓扑结构等需要，选用合适的布线器件与设施。选用产品的各项指标应高于系统指标，才能保证系统指标，得以满足和具有发展的余地，同时也应考虑工程造价及工程要求，对系统产品选用应恰如其分。同一布线信道及链路的缆线和连接器件应保持系统等级与阻抗的一致性。

对于结构化布线系统，电缆和接插件之间的连接应考虑阻抗匹配和平衡与非平衡的转换适配。在工程（D 级至 F 级）中特性阻抗应符合 100 Ω 标准。在系统设计时，应保证布线信道和链路在支持相应等级应用中的传输性能，如果选用 6 类布线产品，则缆线、连接硬件、跳线等都应达到 6 类，才能保证系统为 6 类。如果采用屏蔽布线系统，则所有部件都应选用带屏蔽的硬件。结构化布线系统工程的产品类别及链路、信道等级确定应综合考虑建筑物的功能、应用网络、业务终端类型、业务的需求及发展、性能价格、现场安装条件等因素，应符合表 5.5 的要求。

表 5.5

业务种类	配线子系统		干线子系统		建筑群子系统	
	等级	类别	等级	类别	等级	类别
语音	D/E	5e/6	C	3（大对数）	C	3（室外大对数）
数据	D/E/F	5e/6/7	D/E/F	5e/6/7（4 对）		
	光纤（多模或单模）	62.5 μm 多模/50 μm 多模/<10 μm 单模	光纤	62.5 μm 多模/50 μm 多模/<10 μm 单模	光纤	62.5 μm 多模/50 μm 多模/<1 μm 单模
其他应用	可采用 5e/6 类 4 对对绞电缆和 62.5 μm 多模/50 μm 多模/<10 μm 多模、单模光缆					

其他应用指数字监控摄像头、楼宇自控现场控制器（DDC）、门禁系统等采用网络端口传送数字信息时的应用。结构化布线系统光纤信道应采用标称波长为 850 nm 和 1300 nm 的多模光纤及标称波长为 1310 nm 和 1550 nm 的单模光纤。单模和多模光缆的选用应符合网络的构成方式、业务的互通互连方式及光纤在网络中的应用传输距离。楼内宜采用多模光缆，建筑物之间宜采用多模或单模光缆，需直接与电信业务经营者相连时宜采用单模光缆。为保证传输质量，配线设备连接的跳线宜选用产业化制造的电、光各类跳线，在电话应用时宜选用双芯对绞电缆。跳线两端的插头，IDC 指 4 对或多对的扁平模块，主要连接多端子配线模块；RJ45 指 8 位插头，可与 8 位模块通用插座相连；跳线两端如为 ST，SC，SFF 光纤连接器件，则与相应的光纤适配器配套相连。工作区信息点为电端口时，应采用 8 位模块通用插座（RJ45），光端口宜采用 SFF 小型光纤连接器件及适配器。信息点电端口如为 7 类布线系统，则采用 RJ45 的屏蔽 8 位模块通用插座。FD，BD，CD 配线设备应采用 8 位模块通用插座或卡接式配线模块（多对、25 对及回线型卡接模块）和光纤连接器件及光纤适配器（单工或双工的 ST，SC 或 SFF 光纤连接器件及适配器）。

ISO/IEC 11801 2002-09 标准中，提出除了维持 SC 光纤连接器件用于工作区信息点以外，同时建议在设备间、电信间、集合点等区域使用 SFF 小型光纤连接器件及适配器。小型光纤连接器件与传统的 ST 和 SC 光纤连接器件相比体积较小，可以灵活地应用于多种场合。目前 SFF 小型光纤连接器件被布线市场认可的主要有 LC，MT-RJ，VF-45，MU 和 FJ。电信间和设备间安装的配线设备的选用应与所连接的缆线相适应，具体可参照表 5.6 的内容。

表 5.6

类别	产品类型	配线模块安装场地和连接缆线类型			
	配线设备类型	容量与规格	FD（电信间）	BD（设备间）	CD（设备间/进线间）
电缆配线设备	大对数卡接模块	采用 4 对卡接模块	4 对水平电缆/4 对主干电缆	4 对主干电缆	4 对主干电缆
		采用 5 对卡接模块	大对数主干电缆	大对数主干电缆	大对数主干电缆
	25 对卡接模块	25 对	4 对水平电缆/4 对主干电缆/大对数主干电缆	4 对主干电缆/大对数主干电缆	4 对主干电缆/大对数主干电缆
	回线型卡接模块	8 回线	4 对水平电缆/4 对主干电缆	大对数主干电缆	大对数主干电缆
		10 回线	大对数主干电缆	大对数主干电缆	大对数主干电缆
	RJ45 配线模块	一般为 24 口或 48 口	4 对水平电缆/4 对主干电缆	4 对主干电缆	4 对主干电缆
	ST 光纤连接盘	单工/双工，一般为 24 口	水平/主干光缆	主干光缆	主干光缆
	SC 光纤连接盘	单工/双工，一般为 24 口	水平/主干光缆	主干光缆	主干光缆
	SFF 小型光纤连接盘	单工/双工一般为 24 口、48 口	水平/主干光缆	主干光缆	主干光缆

CP 集合点安装的连接器件应选用卡接式配线模块或 8 位模块通用插座或各类光纤连接器件和适配器。当集合点（CP）配线设备为 8 位模块通用插座时，CP 电缆宜采用带有单端 RJ45 插头的产业化产品，以保证布线链路的传输性能。

结构化布线区域内存在的电磁干扰场强高于 3 V/m 时，宜采用屏蔽布线系统进行防护。

电磁兼容通用标准《居住、商业和轻工业环境中的抗扰度试验》（GB/T 17799.1—1999）与国际标准草案 77/181/FDIS 及 IEEE 802.3—2002 标准中都认可的 3 V/m 的指标值，本规范做出相应的规定。在具体的工程项目的勘察设计过程中，如用户提出要求或现场环境中存在磁场的干扰，则可以采用电磁骚扰测量接收机测试，或使用现场布线测试仪配备相应的测试模块对模拟的布线链路做测试，取得了相应的数据后，进行分析，作为工程实施依据。具体测试方法应符合测试仪表技术内容要求。用户对电磁兼容性有较高的要求（电磁干扰和防信息泄漏），或有网络安全保密的需要时，宜采用屏蔽布线系统。采用非屏蔽布线系统无法满足安装现场条件对缆线的间距要求时，宜采用屏蔽布线系统。屏蔽布线系统采用的电缆、连接器件、跳线、设备电缆都应是屏蔽的，并应保持屏蔽层的连续性。屏蔽布线系统电缆的命名可以按照《用户建筑综合布线》ISO/IEC 11801 中推荐的方法统一命名。屏蔽电缆根据防护的要求，可分为 F/UTP（电缆金属箔屏蔽）、U/FTP（线对金属箔屏蔽）、SF/UTP（电缆金属编织丝网加金属箔屏蔽）、S/FTP（电缆金属箔编织网屏蔽加上线对金属箔屏蔽）几种结构。不同的屏蔽电缆会产生不同的屏蔽效果。一般认可金属箔对高频、金属编织丝网对低频的电磁屏蔽效果为佳。如果采用双重绝缘（SF/UTP 和 S/FTP），则屏蔽效果更为理想，可以同时抵御线对之间和来自外部的电磁辐射干扰，减少线对之间及线对对外部的电磁辐射干扰。因此，屏蔽布线工程有多种形式的电缆可以选择，但为保证良好屏蔽，电缆的屏蔽层与屏蔽连接器件之间必须做好 360° 的连接。铜缆命名方法见图 5.10。

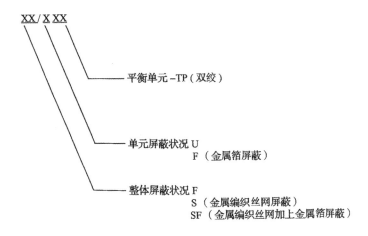

图 5.10

对于办公楼、综合楼等商用建筑物或公共区域大开间的场地，由于其使用对象数量的不确定性和流动性等因素，宜按照开放办公室综合布线系统要求进行设计，并应符合下列规定：

采用多用户信息插座时，每一个多用户插座包括适当的备用量在内，应能支持 12 个工作区所需的 8 位模块通用插座。各段缆线长度可按表 5.7 选用。

表 5.7

电缆总长度/m	水平布线电缆 H/m	工作区电缆 W/m	电信间跳线和设备电缆 D/m
100	90	5	5
99	85	9	5

表5.7(续)

电缆总长度/m	水平布线电缆 H/m	工作区电缆 W/m	电信间跳线和设备电缆 D/m
98	80	13	5
97	75	17	5
97	70	22	5

采用集合点时，集合点配线设备与 FD 之间水平线缆的长度应大于 15 m。集合点配线设备容量宜以满足 12 个工作区信息点需求设置。同一个水平电缆路由不允许超过一个集合点（CP），从集合点引出的 CP 线缆应终接于工作区的信息插座或多用户信息插座上。开放型办公室布线系统对配线设备的选用及缆线的长度有不同的要求。CP 点由无跳线的连接器件组成，在电缆与光缆的永久链路中都可以存在。集合点配线箱目前没有定型的产品，但箱体的大小应考虑至少满足 12 个工作区所配置的信息点所连接 4 对对绞电缆的进、出箱体的布线空间和 CP 卡接模块的安装空间。多用户信息插座和集合点的配线设备应安装于墙体或柱子等建筑物固定的位置。

工业级布线系统应能支持语音、数据、图像、视频、控制等信息的传递，并能应用于高温、潮湿、电磁干扰、撞击、振动、腐蚀气体、灰尘等恶劣环境中。工业布线应用于工业环境中具有良好环境条件的办公区、控制室和生产区之间的交界场所、生产区的信息点，工业级连接器件也可应用于室外环境中。在工业设备较为集中的区域应设置现场配线设备。工业级布线系统宜采用星形网络拓扑结构。工业级配线设备应根据环境条件确定 IP 的防护等级。工业级布线系统产品选用应符合 IP 标准所提出的保护要求，国际防护（IP）定级如表 5.8 所示内容要求。

表 5.8

级别编号	IP 编号定义（二位数）				级别编号
	防颗粒保护		防水保护		
0	没有保护	对于意外接触没有保护，对异物没有防护	对水没有防护	没有防护	0
1	防护大颗粒异物	防止大面积人手接触，防护直径大于 50 mm 的大固体颗粒	防护垂直下降水滴	防水滴	1
2	防护中等颗粒异物	防止手指接触，防护直径大于 12 mm 的中固体颗粒	防止水滴溅射进入（最大 15°）	防水滴	2
3	防护小颗粒异物	防止工具、导线或类似物体接触，防护直径大于 2.5 mm 的小固体颗粒	防止水滴（最大 60°）	防喷溅	3
4	防护谷粒状异物	防护直径大于 1 mm 的小固体颗粒	防护全方位、泼溅水，允许有限进入	防喷溅	4

表5.8(续)

级别编号	IP 编号定义（二位数）				级别编号
	防颗粒保护		防水保护		
5	防护灰尘积垢	有限地防止灰尘	防护全方位泼溅水（来自喷嘴），允许有限进入	防浇水	5
6	防护灰尘吸入	完全阻止灰尘进入，防护灰尘渗透	防护高压喷射或大浪进入，允许有限进入	防水淹	6
7			可沉浸在水下 0.15~1 m 深度	防水浸	7
8			可长期沉浸在压力较大的水下	密封防水	8

1、2 位数用来区别防护等级，第 1 位针对固体物质，第 2 位针对液体。如 IP67 级别就等同于防护灰尘吸入和可沉浸在水下 0.15~1 m 深度。

进线间一般提供给多家电信业务经营者使用，通常设于地下一层。进线间主要作为室外电缆和光缆引入楼内的成端与分支及光缆的盘长空间位置。随着光缆至大楼（FTTB）、至用户（FTTH）、至桌面（FTTO）的应用及容量日益增多，进线间就显得尤为重要。由于许多的商用建筑物地下一层环境条件已大大改善，也可以安装配线架设备及通信设施。在不具备设置单独进线间或入楼电缆和光缆数量及入口设施容量较小时，建筑物也可以在入口处采用挖地沟或使用较小的空间完成缆线的成端与盘长，入口设施则可安装在设备间，但宜单独设置场地，以便功能分区。设计结构化布线系统应采用开放式星形拓扑结构，该结构下的每个分支子系统都是相对独立的单元，对每个分支单元系统的改动都不影响其他子系统。只要改变节点连接就可使网络在星形、总线、环形等各种类型间进行转换。综合布线配线设备的典型设置与功能组合如图 5.11 所示。

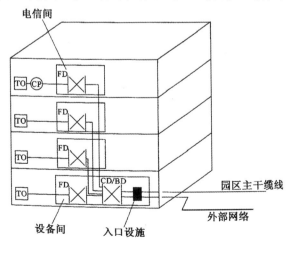

图 5.11

5.2 结构化布线系统配置设计

结构化布线系统在进行系统配置设计时，应充分考虑用户近期与远期的实际需要与发展，使之具有通用性和灵活性，尽量避免布线系统投入正常使用以后，较短的时间内又要进行扩建与改建，从而造成资金浪费。一般来说，布线系统的水平配线应以远期需要为主，垂直干线应以近期实用为主。为了说明问题，下面以一个工程实例来进行设备与缆线的配置。例如，建筑物的某一层共设置了200个信息点，计算机网络与电话各占50%，即各为100个信息点。

第一，电话部分包括以下两点。

（1）FD水平侧配线模块按连接100根4对的水平电缆配置。

（2）语音主干的总对数按水平电缆总对数的25%计，为100对线的需求；如考虑10%的备份线对，则语音主干电缆总对数需求量为110对。

（3）FD干线侧配线模块可按卡接大对数主干电缆110对端子容量配置。

第二，数据部分包括以下两点。

（1）FD水平侧配线模块按连接100根4对的水平电缆配置。

（2）数据主干缆线。

① 最少量配置。以每个HUB/SW为24个端口计，100个数据信息点需设置5个HUB/SW；以每4个HUB/SW为一群（96个端H），组成了2个HUB/SW群；现以每个HUB/SW群设置1个主干端口，并考虑1个备份端VI，则2个HUB/SW群需设4个主干端1∶1。如主干缆线采用对绞电缆，每个主干端口需设4对线，则线对的总需求量为16对；如主干缆线采用光缆，每个主干光端口按2芯光纤考虑，则光纤的需求量为8芯。

② 最大量配置。同样以每个HUB/SW为24端口计，100个数据信息点需设置5个HUB/SW；以每个HUB/SW（24个端口）设置1个主干端口，每4个HUB/SW考虑1个备份端口，共需设置7个主干端口。如主干缆线采用对绞电缆，以每个主干电端口需要4对线，则线对的需求量为28对；如主干缆线采用光缆，每个主干光端VI按2芯光纤考虑，则光纤的需求量为14芯。

③ FD干线侧配线模块可根据主干电缆或主干光缆的总容量加以配置。

先计算得出配置数量以后，再根据电缆、光缆、配线模块的类型、规格加以选用，做出合理配置。上述配置的基本思路，用于计算机网络的主干缆线，可采用光缆；用于电话的主干缆线则采用大对数对绞电缆，并考虑适当的备份，以保证网络安全。由于工程的实际情况比较复杂，不可能按一种模式，设计时还应结合工程的特点和需求加以调整应用。

5.2.1 工作区子系统设计

在结构化布线中，一个独立的需要设置终端设备的区域称为工作区（或为服务区），它由终端设备及其连接到配线子系统信息插座的接插软线等组成。工作区的终端设备主要包括电话、计算机，也可以是检测仪表、测量传感器等。由于设置终端设备的类型和功能不同，所以有不同的工作区，通常电话机或计算机终端设备的工作区面积可按 5~10 m² 计算，也可以根据用户实际需要设置。工作区的终端设备可用接插软线直接与工作区的每个信息插座相连接。

工作区子系统设计的基本要求：确定系统的规模性，即确定在该系统中应该需要的信息插座，同时要为将来扩充留出一定的富裕量且必须符合相关指标的相关标准，工作区子系统布线长度有一定的要求以及要选用符合要求的适配器等。工作区子系统设计步骤如下。

5.2.1.1 确定工作区大小

根据建筑物平面图就可先估算出每个楼层的工作区大小，再将每个楼层工作区相加，就是整个大楼的工作区面积，但要根据具体情况灵活掌握。例如：用途不同其进点密度也不同。同样是工作区，食堂的进点密度就不如办公室的进点密度，机房的进点密度更高。另外还要考虑业主的要求。

5.2.1.2 确定进点构成

进点构成涉及综合布线的设计等级问题。若按基本型配置，每个工作区只有一个信息插座，即单点结构。若按增强型或综合型设计，每个工作区就有两个或两个以上信息插座。这取决于业主对大楼如何定位。目前大多数布线系统采用的信息插座结构为双点结构。

5.2.1.3 确定插座数量

在进行插座数量计算之前，还需要确定单个工作区的面积大小。一般来说可以按 5~10 m² 设置一个进点，即一个工作区，不过大多数布线系统的一个工作区面积为 10 m²（也有的书中设为 9 m²）。插座数量 M 可按下式估算：

$$M = S/P \times N$$

式中：M 为整个布线系统的信息插座数量；S 为整个布线区域工作区的面积；P 为单个进点所管辖面积的大小（即单个工作区）。一般情况下，$P = 10$ m²；N 为单个进点的信息插座数量，一般取值为 1，2，3 或 4。

5.2.1.4 确定插座类型

通常情况下，新建建筑物采用嵌入式信息插座，现有建筑物采用表面安装式信息插座，另外还有固定式地板插座、活动式地板插座。此外，还得考虑插座盒的机械特性等。

5.2.1.5 确定相应设备数量

相应设备因系统不同而异，一般包括墙盒（或地盒）、面板、（半）盖板。基本型配置是单点结构，每个信息插座配置一个墙盒（或地盒）、一个面板、一个半盖板。增强型或综合型是多点结构，每两个信息插座共用一个墙盒或地盒、一个面板。

应用系统的终端设备与配线子系统的信息插座之间连通的最简单方法是接插软线，如电话机的连接。但有些终端设备由于插头、插座不匹配，或电缆线阻抗不匹配，不能直接插到信息插座上，这就需要选用适当的适配器，使应用系统的终端设备与综合布线配线子系统的缆线和信息插座相匹配，保持电气性能一致性。适配器是一种使不同尺寸或不同类型的插头与配线子系统的信息插座相匹配，提供引线的重新排列，允许大对数电缆分成较小对数，把电缆连接到应用系统设备接口的器件。当终端设备的连接器尺寸和类型与信息插座不同时，可以用专用电缆适配器。在单一信息插座上进行两项服务时，可用 Y 形适配器。当配线子系统中选用的电缆类别不同于设备所需要的电缆类别时，应用适配器。在连接使用不同信号的数模转换或数据速率转换等相应装置时，应用适配器。对于网络的兼容性，可用配合适配器。根据工作区内不同的电气终端设备，可配备相应的终端适配器。结构化布线系统用的适配器目前没有统一的国际标准。但各种产品互相兼容，可以根据应用系统的终端设备选择适当的适配器。工作区适配器的选用宜符合下列规定。

（1）设备的连接插座应与连接电缆的插头匹配，不同的插座与插头之间应加装适配器。

（2）在连接使用信号的数模转换，光、电转换，数据传输速率转换等相应的装置时，采用适配器。

（3）对于网络规程的兼容，采用协议转换适配器。

（4）各种不同的终端设备或适配器均安装在工作区的适当位置，并应考虑现场的电源与接地。

信息插座在工作区子系统内是配线子系统电缆的终节点，也是终端设备与配线子系统连接的接口。在工作区一端用带有 8 针的插头软线接入插座在水平系统的一端，将 4 线对双绞线接到插座上。信息插座为在水平区布线和工作区布线之间提供可管理的边界和端口。8 脚模块化信息插座是推荐的标准信息插座，它分为基本型、增强型、综合型 3 种。目前，电话机只有一对线，信息插座（RJ45）安装 4 对线，其中 3 对线暂时用不上，但换来了布线的灵活性。随着通信技术的发展，数字电话的出现，一对线将不会再满足要求。信息插座类型有 3 类信息插座模块、5 类信息插座模块、超 5 类信息插座模块、千兆位信息插座模块、光纤信息插座模块、多媒体信息插座等。为了在配线架上管理链路，每一根水平线缆都应端接在信息插座上，信息插座接线方式有按照 T568B 标准接线方式和按照 T568A 标准接线方式。但在一个综合布线系统中，只允许一种连接方式，一般为 T568B 标准连接，否则必须标注清楚。

每个工作区的服务面积应按不同的应用功能确定。目前建筑物的功能类型较多，大体上可以分为商业、文化、媒体、体育、医院、学校、交通、住宅、通用工业等类型，因此，对工作区面积的划分应根据应用的场合做具体的分析后确定。工作区面积需求可参照表 5.9 所示内容。

表 5.9

建筑物类型及功能	工作区面积/m²
网管中心、呼叫中心、信息中心等终端设备较为密集的场地	3~5
办公区	5~10
会议、会展	10~60
商场、生产机房、娱乐场所	20~60
体育场馆、候机室、公共设施区	20~100
工业生产区	60~200

对于应用场合，如终端设备的安装位置和数量无法确定或为大客户租用并考虑自设置计算机网络时，工作区面积可按区域（租用场地）面积确定。对于 IDC 机房（为数据通信托管业务机房或数据中心机房）可按生产机房每个配线架的设置区域考虑工作区面积。对于此类项目，涉及数据通信设备的安装工程，应单独考虑实施方案。

5.2.2　配线子系统设计

根据工程提出的近期和远期终端设备的设置要求、用户性质、网络构成及实际需要确定建筑物各层需要安装信息插座模块的数量及其位置，配线应留有扩展余地。配线子系统缆线应采用非屏蔽或屏蔽 4 对对绞电缆，需要时也可采用室内多模或单模光缆。电信间 FD 与电话交换配线及计算机网络设备之间的连接方式应符合以下要求。

（1）电话交换配线的连接方式应符合图 5.12 的要求。

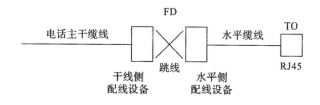

图 5.12

（2）计算机网络设备连接方式。

① 经跳线连接应符合图 5.13 的要求。

② 经设备缆线连接方式应符合图 5.14 的要求。

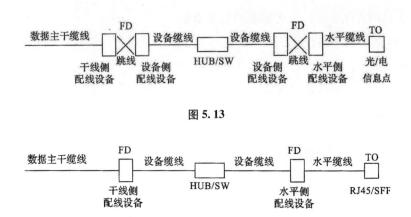

图 5.13

图 5.14

每一个工作区信息点数量的确定范围比较大，从现有的工程情况分析，设置 1 个至 10 个信息点的现象都存在，并预留了电缆和光缆备份的信息插座模块。因为建筑物用户性质不一样，功能要求和实际需求不一样，信息点数量不能仅按办公楼的模式确定，尤其是对于专用建筑（如电信、金融、体育场馆、博物馆等建筑）及计算机网络存在内、外网等多个网络时，更应加强需求分析，做出合理的配置。每个工作区信息点数量可按照用户的性质、网络构成和需求来确定。每一个工作区信息插座模块（电、光）数量不宜少于 2 个，并满足各种业务的需求。底盒数量应以插座盒面板设置的开口数确定，每一个底盒支持安装的信息点数量不宜大于 2 个。光纤信息插座模块安装的底盒大小应充分考虑到水平光缆（2 芯或 4 芯）终接处的光缆盘留空间和满足光缆对弯曲半径的要求。工作区的信息插座模块应支持不同的终端设备接入；对每一个双工或 2 个单工光纤连接器件及适配器连接 1 根 2 芯光缆。1 根 4 对对绞电缆应全部固定终接在 1 个 8 位模块通用插座上。不允许将 1 根 4 对对绞电缆终接在 2 个或 2 个以上 8 位模块通用插座。从电信间至每一个工作区水平光缆宜按 2 芯光缆配置。光纤至工作区域满足用户群或大客户使用时，光纤芯数至少应有 2 芯备份，按 4 芯水平光缆配置。连接至电信间的每一根水平电缆（光缆）应终接于相应的配线模块，配线模块与缆线容量相适应。电信间 FD 主干侧各类配线模块应按照电话交换机、计算机网络的构成及主干电缆/光缆的所需容量要求及模块类型和规格的选用进行配置。根据现有产品情况配线模块可按照以下原则选择。

第一，多线对端子配线模块可以选用 4 对或 5 对卡接模块，每个卡接模块应卡接 1 根 4 对对绞电缆。一般 100 对卡接端子容量的模块可卡接 24 根（采用 4 对卡接模块）或卡接 20 根（采用 5 对卡接模块）4 对对绞电缆。

第二，25 对端子配线模块可卡接 1 根 25 对大对数电缆或 6 根 4 对对绞电缆。

第三，回线式配线模块（8 回线或 10 回线）可卡接 2 根 4 对对绞电缆或 8/10 回线。回线式配线模块的每一回线可以卡接 11 寸 A 线和 1 对出线。回线式配线模块的卡接端子可以分为连通型、断开型和可插入型三类不同的功能。一般在 CP 处可选用连通型；在需要加装过压过流保护器时采用断开型，可插入型主要使用于断开电路做检修的情况下，布线工程中无此种应用。

第四，RJ45 配线模块（由 24 或 48 个 8 位模块通用插座组成）每 1 个 RJ45 插座应可卡接 1 根 4 对对绞电缆。

第五，光纤连接器件每个单工端口应支持 1 芯光纤的连接，双工端口则支持 2 芯光纤的连接。

电信间 FD 采用的设备缆线和各类跳线宜按计算机网络设备的使用端口容量和电话交换机的实装容量、业务的实际需求或信息点总数的比例进行配置，比例范围为 25%～50%。信息点数量配置见表 5.10。

表 5.10

建筑物功能区	信息点数量（每一工作区）			备注
	电话	数据	光纤（双工端口）	
办公区（一般）	1 个	1 个		
办公区（重要）	1 个	2 个	1 个	对数据信息有较大的需求
出租或大客户区域	2 个或 2 个以上	2 个或 2 个以上	1 个或 1 个以上	指整个区域的配置量
办公区（e2 业务工程）	2～5 个	2～5 个	1 个或 1 个以上	涉及内、外网络时

大客户区域也可以为公共实施的场地，如商场、会议中心、会展中心等。各配线设备跳线可按以下原则选择与配置。

第一，电话跳线宜按每根 1 对或 2 对对绞电缆容量配置，跳线两端连接插头采用 IDC 或 RJ45 型。

第二，数据跳线宜按每根 4 对对绞电缆配置，跳线两端连接插头采用 IDC 或 RJ45 型。

第三，光纤跳线宜按每根 1 芯或 2 芯光纤配置，光跳线连接器件采用 ST、SC 或 SFF 型。

5.2.3　干线子系统设计

干线子系统由设备间的建筑物配线设备、跳线以及设备间至各楼层交接间的干线电缆组成。它既要满足当前的需要，又要适应今后的发展。

5.2.3.1　干线子系统主要内容如下两项。

干线子系统主要包括如下两项。

（1）供各条干线接线之间的电缆走线用的竖向或横向通道。

（2）主设备间与计算机中心间的电缆。

5.2.3.2 干线子系统设计要点

干线子系统在设计时主要要考虑以下几点。

（1）确定每层楼的干线要求。

（2）确定整座楼的干线要求。

（3）确定从楼层到设备间的干线电缆路由。

（4）确定干线接线间的接合方法。

（5）选定干线电缆的长度。

（6）确定敷设附加横向电缆时的支撑结构。

5.2.3.3 干线子系统设计的一般原则

干线子系统设计的一般原则如下。

（1）在确定干线子系统所需要的电缆总对数之前，必须确定电缆中话音和数据信号的共享原则。

（2）应选择干线电缆最短、最安全、最经济的路由。

（3）干线电缆可采用点对点端接，也可采用分支递减端接以及电缆直接连接的方法。

（4）如果设备间与计算机房处于不同的地点，而且需要把话音电缆连至设备间，把数据电缆连至计算机房，则宜在设计中选干线电缆的不同部分来分别满足话音和数据的需要。

垂直干线子系统的结构是一个星形结构，负责把各个管理间的干线连接到设备间。确定从管理间到设备间的干线路由，应选择干线最短、最安全和最经济的路由。在大楼内通常有两种方法：一是电缆孔方法；二是电缆井方法。

干线中的双绞线电缆线要平直，走线槽，不要扭曲；两端点要标号；室外部要加套管，严禁搭接在树干上；双绞线不要拐硬弯。

同轴细缆的敷设与同轴粗缆有以下几点不同。

（1）细缆弯曲半径不应小于 20 cm。

（2）细缆上各站点距离不小于 0.5 m。

（3）一般细缆长度为 183 m，粗缆为 500 m。

5.2.3.4 干线子系统设计步骤

干线子系统布线设计的步骤如下。

（1）确定每层楼的干线电缆要求，根据不同的需要和经济因素选择干线电缆类别。

（2）确定干线电缆路由，选择原则应是最短、最安全、最经济。

（3）绘制干线路由图，采用标准中规定的图形与符号绘制垂直子系统的线缆路由图，图纸应清晰、整洁。

（4）确定干线电缆尺寸，干线电缆的长度可用比例尺在图纸上实际量得，也可用等差数列计算。每段干线电缆长度要有备用部分（约 10%）和端接容差。

光纤电缆敷设应注意如下事项。

（1）敷设时不应该绞接。

（2）在室内布线时要走线槽。

（3）在地下管道中穿过时要用 PVC 管。

（4）需要拐弯时，其曲率半径不能小于 30 cm。

（5）室外裸露部分要加铁管保护，铁管要固定牢固。

（6）不要拉得太紧或太松，并要有一定的膨胀收缩余量。

（7）埋地时，要加铁管保护。

干线电缆的布线有点对点端接、分支递减端接和电缆直连 3 种方法。点对点端接是最简单、最直接的连接方式，就是每一楼层配线架先用单独一根电缆与中心配线架连接，干线子系统每根干线电缆直接延伸到指定的交接间或楼层设备间，然后所有楼层干线都会有一个金属线槽（或线管）集中起来布线。分支递减端接是用一根大对数干线电缆支持若干个交接间或楼层设备间的通信容量，经过电缆接头保护箱分出若干根小电缆，它们分别延伸到每个交接间或楼层设备间。电缆直接连接方法是特殊情况使用的技术，相当于跳线连接方式。它主要应用于两种情况：一种情况是一个楼层的所有水平端接都集中在干线交换间；另一种情况是二级交接间太小，需在干线交接间完成端接。如果设备间与计算机机房处于不同的地点，而且需要把话音电缆连至设备间，把数据电缆连至计算机机房，则宜在设计时选取不同的干线电缆或干线电缆的不同部分来分别满足不同路由话音和数据的需要。需要时，也可采用光缆系统予以满足。

干线子系统所需要的电缆总对数和光纤总芯数应满足工程的实际需求，并留有适当的备份容量。主干缆线宜设置电缆与光缆，并互相作为备份路由。干线子系统主干缆线应选择较短的安全的路由。主干电缆宜采用点对点终接，也可采用分支递减终接。点对点端接是最简单、最直接的配线方法，电信间的每根干线电缆直接从设备间延伸到指定的楼层电信间。分支递减终接是用 1 根大对数干线电缆来支持若干个电信间的通信容量，经过电缆接头保护箱分出若干根小电缆，它们分别延伸到相应的电信间，并终接于目的地的配线设备。如果电话交换机和计算机主机设置在建筑物内不同的设备间，宜采用不同的主干缆线来分别满足语音和数据的需要。在同一层若干电信间之间宜设置干线路由。如语音信息点 8 位模块通用插座连接 ISDN 用户终端设备，并采用 S 接口（4 线接口）时，相应的主干电缆则应按 2 对线配置。

主干电缆和光缆所需的容量要求及配置应符合以下规定。

第一，对语音业务，大对数主干电缆的对数应按每一个电话 8 位模块通用插座配置 1 对线，并在总需求线对的基础上至少预留约 10% 的备用线对。

第二，对于数据业务应以集线器或交换机（SW）群（按 4 个 HUB 或 SW 组成 1

群）；或以每个 HUB 或 SW 设备设置 1 个主干端口配置。每 1 群网络设备或每 4 个网络设备宜考虑 1 个备份端口。主干端口为电端 ICL 时，应按 4 对线容量；为光端口时则按 2 芯光纤容量配置。

第三，当工作区至电信间的水平光缆延伸至设备间的光配线设备（BD/CD）时，主干光缆的容量应包括所延伸的水平光缆光纤的容量在内。

5.2.4　建筑群子系统设计

建筑群子系统也称楼宇管理子系统。一个工矿企业或政府机关可能分散在几幢相邻建筑物或不相邻的建筑物内办公，彼此之间的语音、数据、图像和监控等系统可由建筑群子系统来连接传输。建筑群子系统是由连接各建筑物之间的传输介质和各种支持设备（硬件）组成的综合布线子系统。建筑群主干布线子系统是智能化建筑群体内的主干传输线路，也是结构化布线系统的骨干部分。它的系统设计好坏、工程质量的高低、技术性能的优劣都将直接影响结构化布线系统的服务效果，在设计中必须高度重视。

5.2.4.1　建筑群子系统的主要特点和设计原则

（1）建筑群子系统中，建筑群配线架等设备安装在屋内，而其他所有线路设施都设在屋外，受客观环境和建设条件影响较大。

（2）由于在综合布线系统中，大多数采用有线通信方式，一般通过建筑群子系统与公用通信网连成整体。从全程全网来看，建筑群子系统也是公用通信网的组成部分，它们的使用性质和技术性能基本一致，其技术要求也是相同的。因此，要从保证全程全网的通信质量来考虑，不应只以局部的需要为基点，使全程全网的传输质量有所降低。

（3）建筑群子系统的缆线是室外通信线路，其建设原则、网络分布、建筑方式、工艺要求以及与其他管线之间的配合协调，均与所属区域内的其他通信管线要求相同，必须按照本地区通信线路的有关规定办理。

（4）建筑群子系统的缆线敷设在校园式小区或智能化小区内，成为公用管线设施时，其建设计划应纳入该小区的规划，具体分布应符合智能化小区的远期发展规划要求（包括总平面布置）；且与近期需要和现状相结合，尽量不与城市建设和有关部门的规定发生矛盾，使传输线路建设后能长期稳定、安全可靠地运行。

（5）在已建或在建的智能化小区内，如已有地下电缆管道或架空通信杆路，应尽量设法利用。与该设施的主管单位（包括公用通信网或用户自备设施的单位）进行协商，采取合用或租用等方式。这样可避免重复建设，节省工程投资，减少小区内管线设施，有利于环境美观和小区布置。

5.2.4.2　建筑群子系统的工程设计要求

（1）建筑群子系统的设计应注意所在地区的整体布局。由于智能化建筑群所处的环境一般对美化要求较高，对于各种管线设施都有严格规定，因而要根据小区建设规划

和传输线路分布，尽量采用地下化和隐蔽化的方式。

（2）建筑群子系统的设计应根据建筑群用户信息需求的数量、时间和具体地点，采取相应的技术措施和实施方案。在确定缆线的规格、容量、敷设的路由以及建筑方式时，务必考虑要使通信传输线路建成后保持相对稳定，并能满足今后一定时期信息业务的发展需要。为此，要遵循以下几点要求。

① 线路路由应尽量选择距离短、平直，并在用户信息需求点密集的楼群经过。

② 线路路由应选择在较永久性的道路上敷设，并应符合有关标准规定以及与其他管线和建筑物之间的最小净距要求。除因地形或敷设条件的限制必须与其他管线合沟或合杆外，与电力线路必须分开敷设，并有一定的间距，以保证通信线路安全。

③ 建筑群子系统的主干缆线分支到各幢建筑物的引入段落，其建筑方式应尽量采用地下敷设。如不得已而采用架空方式（包括墙壁电缆引入方式），应采取隐蔽引入，其引入位置宜选择在房屋建筑的后面等不显眼的地方。

5.2.4.3 建筑群子系统的设计步骤

（1）确定敷设现场的环境、结构特点。

① 确定整个工地的面积大小。

② 确定工地的地界。

③ 确定共有多少座建筑物。

④ 确定是否需要和其他部门协调。

（2）确定线缆系统的一般参数。

① 确定起点位置。

② 确定端接点位置。

③ 确认涉及的建筑物和每座建筑物的层数。

④ 确定每个端接点所需的双绞线对数。

⑤ 确定所有端接点的双绞线总对数。

（3）确定建筑物线缆入口。

① 对于现有建筑物，要确定各个入口管道的位置、每座建筑物有多少入口管道可供使用、入口管道数目是否满足系统的需要。

② 如果入口管道不够用，则要确定在移走或重新布置某些线缆时，是否能腾出某些入口管道，在不够用的情况下应另装多少入口管道。

③ 如果建筑物尚未建起来，则要根据选定的线缆路由，完善线缆系统设计。并标出入口管道的位置，选定入口管道的规格、长度和材料，在建筑物施工过程中安装好入口管道。

④ 建筑物入口管道的位置应便于连接公用设备，根据需要在墙上穿过一根或多根管道。

⑤ 查阅当地的建筑法规，了解对承重墙穿孔有无特殊要求。所有易燃材料（如聚丙烯管道、聚乙烯管道）应端接在建筑物的外面，外线线缆的聚丙烯护皮可以例外，只要它在建筑物内部的长度（包括多余线缆的卷曲部分）不超过 15 m。如果超过 15 m，就应使用合适的线缆入口器材，在入口管道中填入防水和气密性很好的密封胶，如 B 型管道密封胶。

（4）确定明显障碍物位置。

① 确定土壤类型，例如砂质土、黏土和砾土等。

② 确定线缆的布线方法。

③ 确定地下公用设施的位置。

④ 查清拟订的线缆路由沿线各个障碍物的位置或地理条件，包括铺路区、桥梁、铁路、树林、池塘、河流、山丘、砾石土、截流井、人孔（人字形孔道）及其他。

⑤ 确定管道的要求。

（5）确定主线缆路由和备用线缆路由。

① 对于每一种特定的路由，确定可能的线缆结构方案。

• 所有建筑物共用一根线缆。

• 对所有建筑物进行分组，每组单独分配一根线缆。

• 每座建筑物单用一根线缆。

② 查清在线缆路由中哪些地方需要获准后才能施工通过。

③ 比较每个路由的优缺点，从而选定几个可能的路由方案供比较选择。

（6）选择所需线缆类型和规格。

① 确定线缆长度。

② 画出最终的结构图。

③ 画出所选定路由的位置和挖沟详图，包括公用道路图或任何需要经审批才能动用的地区的草图。

④ 确定入口管道的规格。

⑤ 选择每种设计方案所需的专用线缆。

⑥ 参考所选定的布线产品的部件指南中，有关线缆部分中线号、双绞线对数和长度应符合的有关要求。

⑦ 应保证线缆可进入口管道。

⑧ 如果需用管道，应确定其规格、长度和材料。

（7）确定每种方案所需劳务成本。

① 确定布线时间。

• 迁移或改变道路、草坪、树木等所花的时间。

• 如果使用管道，应包括敷设管道和穿线缆的时间。

• 确定线缆接合时间。

- 确定其他时间，例如运输时间、协调、待工时间等。

② 计算总时间。

③ 计算每种设计方案的成本。

④ 总时间乘以当地的工时费。

（8）确定每种方案所需材料成本。

① 确定线缆成本。

- 参考有关布线材料价格表。

- 针对每根线缆查清每 100 m（ft）的成本。

- 将上述成本除以 100。

- 将每米的成本乘以所需长度。

② 确定所用支持结构的成本。

- 查清并列出所有的支持部件。

- 根据价格表查明每项用品的单价。

- 将单价乘以所需的数量。

③ 确定所有支撑硬件的成本。

对于所有的支撑硬件，重复②项所列的 3 个步骤。

（9）选择最经济、最实用的设计方案。

① 把每种选择方案的劳务费成本加在一起，得到每种方案的总成本。

② 比较各种方案的总成本，选择成本较低者。

③ 分析确定这种比较经济的方案是否有重大缺点，以致抵消了经济上的优点。如果发生这种情况，应取消此方案，考虑其他经济性较好的设计方案。需要注意的是，如果涉及干线线缆，应把有关的成本和设计规范也列进来。

建筑群数据网的主干线缆一般应选用多模或单模室外光缆，芯数不少于 12 芯，并且宜用松套型、中央束管式。建筑群数据网的主干线缆作为使用光缆与电信公用网连接时，应采用单模光缆，芯数应根据综合通信业务的需要而定。

建筑群数据网主干线缆如果选用双绞线，一般应选择高质量的大对数双绞线。当从 CD 至 BD 使用双绞线电缆时，总长度不应超过 1500 m。对于建筑群语音网的主干线缆，一般可选用三类大对数电缆。

建筑群子系统通信线路的敷设方式有架空和地下两种类型。架空方式分为立杆架设和墙壁挂放两种；根据架空线缆与吊线的固定方式又可分为自承式和非自承式两种。地下方式分为地下线缆管道、线缆沟和直埋方式等。

5.2.4.4 建筑群子系统的保护

当电缆从一座建筑物接到另一座建筑物时，要考虑易受到雷击、电源触地、电源感应电压或地电压上升等因素的影响，必须用保护器进行保护。如果电气保护设施位于建筑物（不是对电信公用设施实行专门控制的建筑物）内部，那么所有保护设备及其安装装置都必须有 UL 安全标记。有些方法可以确定电缆是否容易受到雷击或电源的损坏，也可以确定有哪些保护器可以防止建筑物、设备和连线因火灾和雷击而遭到毁坏。当发生下列任何情况时，线路就会暴露在危险的境地。

（1）雷击所引起的干扰。

（2）工作电压上升到 300 V 以上而引起的电源故障。

（3）地电压上升到 300 V 以上而引起的电源故障。

（4）60 Hz 感应电压值超过 300 V。

如果出现上述所列情况之一，应对其进行保护。

5.2.5 设备间子系统设计

设备间是智能化建筑的电话交换机设备、计算机网络设备以及建筑物配线设备（BD）安装的地点，也是进行网络管理的场所。

设备间子系统一般设在建筑物的中部，或者在建筑物的一、二层，避免设在顶层，而且要为以后的扩展留下余地。

5.2.5.1 设备间子系统的设计原则

设备间子系统的设计要符合 GB 50311 标准中的要求，并要遵守如下原则。

（1）位置合适原则。

（2）面积合理原则。

（3）数量合适原则。

（4）外开门原则。

设备间入口门应采用外双开门设计，门宽不应小于 1.5 m。

（5）配电安全原则。

设备间供电必须符合相应的设计规范。例如：设备专用电源插座、维修和照明电源插座接地排等，使用 UPS 供电来保证设备间内的配电安全可靠。

（6）环境安全原则。

设备间室内环境温度 10~35 ℃，相对湿度应为 20%~80%，并应有良好的通风和良好的防尘措施，防止有害气体侵入。设备间梁下净高不应小于 2.5 m，要有利于空气循环。

（7）标准的接口原则。

建筑物综合布线系统与外部配线网连接时，应遵循相应的接口标准要求。例如：设备间与园区其他建筑物或中心机房连接配线时，要统一光纤类型和接口类型。同时，为了方便以后线路管理，线缆布设过程中，应在两端贴上标签，以标明线缆的起始和目的地。

5.2.5.2　设备间子系统的设计步骤

设计人员应与用户方一起商量，根据用户方要求及现场情况具体确定设备间的最终位置。只有确定了设备间位置后，才可以设计综合布线的其他子系统，因此用户需求分析时，确定设备间位置是一项非常重要的工作。

在进行需求分析后，要与用户进行技术交流，不仅要与技术负责人进行交流，也要与项目或者行政负责人进行交流，进一步充分和广泛了解用户的需求，特别是未来的扩展需求。

在设备间的位置确定前，索取和认真阅读建筑物设计图纸是必要工作。通过阅读建筑物图纸掌握建筑物的土建结构、强电路径、弱电路径，特别是主要与外部配线连接接口位置，重点掌握设备间附近的电器管理、电源插座、暗埋管线等。

5.2.5.3　设备间子系统的设计要求

（1）设备间位置。

设备间的位置及大小，应根据建筑物的结构、综合布线规模、管理方式以及应用系统设备的数量等方面进行综合考虑，择优选取。一般而言，设备间应尽量建在建筑平面及其综合布线干线综合体的中间位置。在高层建筑内，设备间也可以设置在 1、2 层。

（2）设备间的面积。

设备间的使用面积，既要考虑所有设备的安装面积，还要考虑预留工作人员管理操作设备的地方。

（3）建筑结构。

设备间的建筑结构主要依据设备大小、设备搬运以及设备重量等因素而设计。设备间的高度一般为 2.5~3.2 m。设备间门的大小至少为高 2.1 m，宽 1.5 m。

（4）设备间的环境要求。

设备间内安装了计算机、计算机网络设备、电话程控交换机、建筑物自动化控制设备等硬件设备。这些设备的运行有相应的温度、湿度、供电、防尘等要求。

（5）设备间的设备管理。

（6）结构防火。

（7）接地要求。

（8）设备间内的线缆敷设。

设备间机柜安装要求如下。

5.2.6　进线间子系统设计

建筑群主干电缆和光缆、公用网和专用网电缆、光缆及天线馈线等室外缆线进入建筑物时，应在进线间转换成室内电缆、光缆，并在缆线的终端处由多家电信业务经营者设置入口设施，入口设施中的配线设备应按引入的电、光缆容量配置。

电信业务经营者在进线间设置安装的入口配线设备应与 BD 或 CD 之间敷设相应的连接电缆、光缆，实现路由互通。缆线类型与容量应与配线设备相一致。

一个建筑物宜设置 1 个进线间，一般位于地下层，外线宜从两个不同的路由引入进线间，有利于与外部管道沟通。进线间与建筑物红外线范围内的人孔或手孔采用管道或通道的方式互联。进线间因涉及因素较多，难以统一提出具体所需面积，可根据建筑物实际情况，并参照通信行业和国家的现行标准要求进行设计。

进线间应设置管道入口。进线间应满足缆线的敷设路由、成端位置及数量、光缆的盘长空间和缆线的弯曲半径、充气维护设备、配线设备安装所需要的场地空间和面积。进线间的大小应按进线间的进局管道最终容量及入口设施的最终容量设计。同时应考虑满足多家电信业务经营者安装入口设施等设备的面积要求。

进线间宜靠近外墙和在地下设置，以便引入缆线。进线间设计应符合下列规定。

（1）进线间应防止渗水，宜设抽排水装置。

（2）进线间应与布线系统垂直竖井沟通。

（3）进线间应采用相应防火级别的防火门，门向外开，宽度不小于 1000 mm。

（4）进线间应设置防有害气体措施和通风装置，排风量按每小时不小于 5 次容积计算。

与进线间无关的管道不宜通过。进线间入口管道口所有布放缆线和空闲的管孔应采取防火材料封堵，做好防水处理。进线间如安装配线设备和信息通信设施，应符合设备安装设计的要求。

5.2.7 管理间子系统设计

管理间子系统（Administration Subsystem）由交联、互联和 I/O 组成。管理间为连接其他子系统提供手段，它是连接垂直干线子系统和水平干线子系统的设备。其主要设备是配线架、交换机、机柜和电源。

管理间子系统包括楼层配线间、二级交接间、建筑物设备间的线缆、配线架及相关接插跳线等。通过综合布线系统的管理间子系统，可以直接管理整个应用系统终端设备，从而实现综合布线的灵活性、开放性和扩展性。

管理间主要是为楼层安装配线设备和楼层计算机网络设备的场地，可考虑在该场地设置缆线竖井、等电位接地体、电源插座、UPS 配电箱等设施。在场地面积满足的情况下，也可设置建筑物安防、消防、建筑设备监控系统、无线信号等系统的布缆线槽和功能模块。如果综合布线系统与弱电系统设备合设于同一场地，从建筑的角度出发，一般也称为弱电间。

管理间子系统设置在楼层配线房间，是水平系统电缆端接的场所，也是主干系统电缆端接的场所。它由大楼主配线架、楼层分配线架、跳线、转换插座等组成。用户可以在管理间子系统中更改、增加、交接、扩展缆线，从而改变缆线路由。管理间房间面积

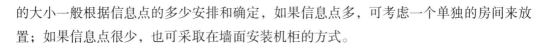

的大小一般根据信息点的多少安排和确定，如果信息点多，可考虑一个单独的房间来放置；如果信息点很少，也可采取在墙面安装机柜的方式。

5.2.7.1　管理间子系统的设计要点

（1）统计分析每个楼层信息点总数，估算信息点缆线的长度，注意最远信息点缆线的长度，保证各个信息点双绞线的长度不超过 90 m。

（2）信息点数量不大于 400 个，水平缆线长度在 90 m 以内，宜设置一个管理间，当超出这个范围时应该添加管理间。

（3）管理间电源应提供不少于两个 220 V 带保护接地的单相电源插座。

（4）管理间的温度应为 10~35℃，湿度保持在 20%~80%。

（5）在管理点，应根据应用环境用标记插入条来标出各个端接场。综合布线的各种配线设备，应用色标区分干线电缆、配线电缆或设备端接点。同时，还应用标记条表明端接区域、物理位置、编号、容量、规格等，以便维护人员在现场一目了然地加以识别。

（6）噪声，设备间内的噪声应小于 70 dB。

（7）电磁干扰，无线电的干扰频率应为 0.55~1000 MHz，磁场干扰强度不大于 800 A/m。

（8）为了保证设备的使用安全，设备间应安装消防系统、防盗门。

（9）管理间应采用外开丙级防火门，门宽大于 0.7 m。

GB 50311—2007 中规定管理间的使用面积不应小于 5 m²，也可根据工程中配线管理和网络管理的容量进行调整。一般新建楼房有专门的垂直竖井，楼层的管理间基本设计在建筑物竖井内，面积在 3 m² 左右。在一般小型网络综合布线系统工程中管理间也可能只是一个网络机柜。

5.2.7.2　机柜安装要求

在管理间安装落地式机柜时，机柜前面的净空不应小于 800 mm，后面的净空不应小于 600 mm，以方便施工和维修。安装壁挂式机柜时，一般在楼道安装高度不小于 1.8 m。

综合布线系统的配线设备和计算机网络设备采用 19 英寸标准机柜安装。机柜尺寸通常为 600 mm（宽）×900 mm（深）×2000 mm（高），共有 42 U[①] 的安装空间。机柜内可安装光纤连接盘、RJ45（24 口）配线模块、多线对卡接模块（100 对）、理线架、计算机 HUB/SW 设备等。如果按建筑物每层电话和数据信息点各为 200 个考虑配置上述设备，大约需要有 2 个 19 英寸（42 U）的机柜空间，以此测算电信间面积至少应为 5 m²（2.5 m×2.0 m）。当涉及布线系统设置内、外网或专用网时，19 英寸机柜应分别设置，并在保持一定间距的情况下预测电信间的面积。

---

① U 为非法定计量单位，1 U=4.4 cm，此处表示标准机柜空间时需使用 U。

对于管理间子系统，多数情况下采用6~12 U壁挂式机柜，一般安装在每个楼层的竖井内或者楼道中间位置。具体安装方法采取三角支架或者膨胀螺栓固定机柜。

5.2.7.3　通信跳线架安装步骤

通信跳线架主要用于语音配线系统。一般采用110跳线架，主要是上级程控交换机过来的接线与到桌面终端的语音信息点连接线之间的连接和跳接部分，以便于管理、维护、测试。其安装步骤如下。

（1）取出110跳线架和附带的螺丝。

（2）利用十字螺丝刀把110跳线架用螺丝直接固定在网络机柜的立柱上。

（3）理线。

（4）按打线标准把每个线芯按照顺序压在跳线架下层模块端接口中。

（5）把5对连接模块用力垂直压接在110跳线架上，完成下层端接。

5.2.7.4　网络配线架安装要求

（1）在机柜内部安装配线架前，首先要进行设备位置规划或根据图纸规定确定位置，统一考虑机柜内部的跳线架、配线架、理线环、交换机等设备。同时考虑配线架与交换机之间跳线方便。

（2）缆线采用地面出线方式时，一般缆线从机柜底部穿入机柜内部，配线架宜安装在机柜下部。采取桥架出线方式时，一般缆线从机柜顶部穿入机柜内部，配线架宜安装在机柜上部。缆线采取从机柜侧面穿入机柜内部时，配线架宜安装在机柜中部。

（3）配线架应该安装在左右对应的孔中，水平误差不大于2 mm，更不允许左右孔错位安装。

5.2.7.5　交换机安装步骤

交换机安装前首先检查产品外包装是否完整和开箱检查产品，收集和保存配套资料。一般包括交换机、2个支架、4个橡皮脚垫和4个螺钉、1根电源线、1个管理电缆。然后准备安装交换机，一般步骤如下。

（1）从包装箱内取出交换机设备。

（2）给交换机安装两个支架，安装时要注意支架方向。

（3）将交换机放到机柜中提前设计好的位置，用螺钉固定到机柜立柱上，一般交换机上下要留一些空间用于空气流通和设备散热。

（4）将交换机外壳接地，然后将电源线插在交换机后面的电源接口。

（5）完成上面几步操作后就可以打开交换机电源了。开启状态下查看交换机是否出现抖动现象，如果出现抖动现象，应检查脚垫高低或机柜上的固定螺丝松紧情况。

拧取这些螺钉的时候不要过紧，否则会让交换机倾斜，也不能过于松垮，这样交换机在运行时会不稳定，工作状态下设备会抖动。

5.2.7.6　理线环的安装步骤

（1）取出理线环和所带的配件——螺丝包。

（2）将理线环安装在网络机柜的立柱上。

机柜内设备之间的安装距离至少留 1 U 的空间，以便于设备的散热。

完整的标记应包含以下的信息：建筑物名称、位置、区号、起始点和功能。

综合布线系统一般常用三种标记：电缆标记、场标记和插入标记，其中插入标记用途最广。

电缆标记主要用来标明电缆来源和去处，在电缆连接设备前电缆的起始端和终端都应做好电缆标记。电缆标记由背面为不干胶的白色材料制成，可以直接贴到各种电缆表面上。其规格尺寸和形状根据需要而定。

场标记又称为区域标记，一般用于设备间、配线间和二级交接间的管理器件之上，以区别管理器件连接线缆的区域范围。它也由背面为不干胶的材料制成，可贴在设备醒目的平整表面上。

插入标记一般用于管理器件上，如 110 配线架、BIX 安装架等。插入标记是硬纸片，可以插在 1.27 cm×20.32 cm 的透明塑料夹里，这些塑料夹可安装在两个 110 接线块或两根 BIX 条之间。每个插入标记都用色标来指明所连接电缆的源发地，这些电缆端接于设备间和配线间的管理场。

5.3　机房工程设计

机房工程设计不仅包含机房中所涉及的各个专业技术工程（如机房装修、供配电、空调、综合布线、安全监控、设备监控与消防系统等）设计，还包括从数据中心到动力机房整体解决方案规划与设计，因此不能孤立地看待机房的各个系统，而应将其看成一个更大的统一系统来进行设计，以提高整体方案实施的可靠性、可用性、安全性和易管理性。对于用户来说，采用整体机房解决方案，既降低了选型、采购、工程管理的整体成本，又有利于得到整体的设计、实施和服务，提高稳定性和兼容性，缩短建设周期。

5.3.1　机房装修系统设计

机房装修工程不仅仅是一个装饰工程，更重要的是一个集电工学、电子学、建筑装饰学、美学、暖通净化专业、计算机专业、弱电控制专业、消防专业等多学科、多领域的综合工程，并涉及计算机网络工程等专业技术的工程。在设计施工中应对供配电方式、空气净化、环境温度控制、安全防范措施以及防静电、防电磁辐射和抗干扰、防水、防雷、防火、防潮、防鼠诸多方面给予高度重视，以确保计算机系统长期正常运行。

机房棚顶装修多采用吊顶方式。机房内吊顶的主要作用是：吊顶以上到顶棚的空间可作为机房静压送风或回风风库，可布置通风管道；安装固定照明灯具、走线、各类风口、自动灭火探测器；防止灰尘下落；等等。综上所述，吊顶应具有一定的承载能力，必须能够承受住全部安装设备的重量。依使用方式而言，吊顶以上的空间要留有 300 ~ 800 mm 的间隔，当吊顶上安装空调管道时，其间距要根据风管的结构来确定，并要留有人员安装及检修的空间。吊顶构件最好是可拆的，至少在规定的地段是可拆的，以便人员能够进入吊顶空间。如果用吊顶以上空间作为空气调节的静压风库，吊顶以上空间及屋顶应采取防尘措施，防止灰尘通过吊顶落入机房内。所选用的吊顶板及其构件还应具有质轻、防火、防潮、吸音、不起尘、不吸尘等性能。为了使吊顶板也能像活动地板那样，无论房间的形状和面积如何，都能较方便地装配，而且能满足防火、吸音和隔热等方面的要求，人们常采用铝制穿孔骨吊顶板。铝制穿孔骨吊顶板是一个轻质铝壳体，并有不同孔距和孔径的通孔，其中填充的材料具有消声、防火性能。

机房内墙装修的目的是保护墙体材料，保证室内使用条件，创造一个舒适、美观而整洁的环境。内墙的装饰效果由质感、线条和色彩三个因素构成。目前，在机房墙面装饰中最常见的贴墙材料（如铝塑板、彩钢板、饰面等），其特点是表面平整、气密性好、易清洁、不起尘、不变形。墙体饰面基层做防潮、屏蔽、保温隔热处理。土建墙体厚度要符合热负荷要求，使室内热负荷减少到最低限度。所采用的材料应该不易燃烧，而且隔热、隔音、吸音性好。墙体表面涂附的材料种类很多，设计者可根据实际情况，参阅有关资料合理选择。要求选择不易产生尘埃、不产生静电、无毒的材料。

为了保证机房内不出现内柱，机房建筑常采用大跨度结构。针对计算机系统的不同设备对环境的不同要求，便于空调控制、灰尘控制、噪声控制和机房管理，往往采用隔断墙将大的机房空间分隔成较小的功能区域。隔断墙要既轻又薄，还能隔音、隔热。机房外门窗多采用防火防盗门窗，机房内门窗一般采用无框大玻璃门，这样既保证机房安全，又保证机房内有通透、明亮的效果。机房基建结构需做隔音处理。隔音材料选择需符合环保要求，并使得房间内部形成吸音整体环境，从而确保达到建设目的。在机房建设系统中，保温环境建设可以说是重中之重。保温系统的建设直接决定了机房系统的运营费用。建设优秀的保温环境，可有效地控制机房环境运营所产生的电费、维修费及管理费用。

机房工程的技术施工中，机房地面工程是一个很重要的组成部分。机房地板一般采用抗静电活动地板。活动地板具有可拆卸的特点，因此，所有设备的导线电缆的连接、管道的连接及检修更换都很方便。活动地板下空间可作为静压送风风库，通过带气流分布风口的活动地板将机房空调送出的冷风送入室内及发热设备的机柜内，由于气流风口地板与一般活动地板可互换，因此可自由地调节机房内气流的分布。活动地板下的地表面一般需进行防潮处理。若活动地板下空间作为机房空调送风风库，活动地板下地面还需做地台保温处理，保证在送冷风的过程中地表面不会因地面和冷风的温差而结露。防

静电地板敷设前期需要进行场地清理及找平工作，并按照标准在地表面做多层多次处理，方可进行下一步施工。

5.3.2　机房屏蔽系统设计

机房固态电磁屏蔽工程一般有以下几种形式：焊接式电磁屏蔽壳体、装配式电磁屏蔽壳体和薄膜屏蔽、多层屏蔽体。焊接式电磁屏蔽壳体是按设计将预加工的单元金属板块在机房内焊接成整体，形成电磁屏蔽壳体。装配式电磁屏蔽壳体是预先将屏蔽壳体制成组件，在机房内组装成整体，形成电磁屏蔽壳体。薄膜屏蔽是将一种金属膜附着在一支撑金属膜结构上，而不是靠金属膜本身的支撑力，以金属薄膜抵挡电磁场的干扰。多层屏蔽是将屏蔽面做成多层，表面与金属之间留很小的空间，而不是紧密地接触在一起，在很小的空间中充满空气或其他电介质。多层屏蔽能起到很好的屏蔽效果。

计算机机房的电磁屏蔽应根据机房内设备工作的性能和安全的要求来选择。一般有以下三种方法：屏蔽机房、屏蔽工作间、设备专项屏蔽。

屏蔽机房是为了保障国家和部门的政治、经济、军事上的安全，需要用屏蔽的手段来防止计算机泄密。屏蔽工作间是为了保密和防止减少电磁场的干扰，在局部范围内采取的屏蔽手段。设备专项屏蔽是为了保证电子仪器设备调试维修正确，需要在一个无电磁信号干扰的场合来进行，这种屏蔽专门为设备调试准备屏蔽场所。

5.3.3　机房防雷系统设计

雷电具有极大的破坏性，雷电灾害所涉及的范围几乎遍布各行各业。尤其是以大规模集成电路为核心组件的测量、监控、保护、通信、计算机网络等先进电子设备广泛运用的电力、航空、国防、通信、广电、金融、交通、石化、医疗以及其他现代生活的各个领域，这些电子设备普遍存在着对暂态过电压、过电流耐受能力较弱的缺点，暂态过电压很可能造成电子设备的损害或产生误操作。

机房交流供电系统采用三相五线制供电方式。电力供电系统防雷设计的目标是确保机房设备和工作人员的安全，防止由于电力供电系统引入雷击。机房的总电源取自大楼的总低压配电室。从交流供电线路进入总配电柜开始，到计算机机房设备电源入口端，电力供电系统自身应采取分级协调的防护措施，还应与信号系统的防雷、建筑物防雷、接地线路等协调配合。

现代防直击雷设施主要由接闪器（避雷针、避雷带、避雷线、避雷网、金属屋面等）、引下线（金属圆条、扁条、钢筋、金属柱等）和接地装置组成。

感应雷防护措施是限制、阻塞雷电脉冲沿电源线或数据、信号线进入设备，从而保护建筑物内各类电气设备的安全。内部防雷主要由浪涌保护器（SPD 防雷器）、屏蔽系统、等电位连接系统、共用接地系统、合理布线系统等组成。安装防雷器是分流感应雷电流和限制浪涌过电压的有效措施，可分为电源防雷、信号防雷和天馈防雷。

屏蔽是防止任何形式电磁干扰的基本手段之一。用金属网、箔、壳或金属管等导体把需要保护的对象包围起来，使闪电的电磁脉冲波从空间入侵的通道全部截断。所有的屏蔽套、壳均要接地。屏蔽的目的，一是限制某一区域内部的电磁能量向外传播；二是防止或降低外界电磁辐射能量向被保护的空间传播。

等电位连接是将分开的装置、诸导电物体用等电位连接导体或电涌保护器连接起来，最后与等电位连接母排相连。其目的在于消除防雷空间内各金属部件及各（信息）系统相互间的电位差。

接地是分流和泄放直击雷和雷电电磁干扰能量最有效的手段之一，也是电位均衡补偿系统的基础。目的是使雷电流通过低阻抗接地系统向大地泄放，从而保护建筑物、人员和设备的安全。接地装置是将各部分防雷装置、建筑物金属构件、低压配电保护线（PE）、等电位连接带、设备保护地、交直流工作地、屏蔽地、防雷地、防静电地等连接在一起形成的共用接地系统。

根据中国气象局有关规定，防雷工程的设计和施工必须由持有相关资质的专业公司实施。防雷工程竣工后需报相关部门进行验收，合格后才能交付使用。

5.3.4 机房配电系统设计

机房负荷均需按照机房现场供电负荷单独设计。计算机机房负载分为主设备负载和辅助设备负载。主设备负载指计算机主机、服务器、网络设备、通信设备等。由于这些设备进行数据的实时处理与实时传递，所以对电源的质量与可靠性的要求最高。这部分供配电系统称为"设备供配电系统"，应采用 UPS 不间断电源供电来保证供电的稳定性和可靠性，并可配备相应的蓄电池，以便在突然停电时能支持一定时间的电源供应。辅助设备负载指专用精密空调系统、动力设备、照明设备、测试设备等，其供配电系统称为"辅助供配电系统"，由市电直接供电。

机房内的电气施工应选择优质阻燃聚氯乙烯绝缘电缆，敷设镀锌铁线槽和插座。配电线路安装过流、过载保护。插座应分别为市电、UPS 插座注明易区别的标志。机房往往采用机房专用配电柜来规范机房供配电系统，保证机房供配电系统的安全。机房一般采用市电、发电机双回路供电，发电机作为主要的后备动力电源。

机房电力系统的高可用性是建立在电力系统从高压、低压、UPS 到插座这样一个完整的供配电系统基础上的。电力系统中每一个环节都具有可扩展性和可管理性，对于低压配电自动切换系统以及 UPS 冗余系统等，不仅要精心设计，还要精心施工和系统化测试。

选择 UPS 品牌固然重要，UPS 系统电力配套安装服务更为重要。为 UPS 配套的供配电系统，空气开关配置的参数性能稳定，保护完整，过载短路熄弧分断能力强，以及浪涌电压吸收装置的选择安装部位等都要进行系统化的精心设计。UPS 及电池设备的安装环境、楼板承重问题、UPS 发热量及环境热负荷对空调机制冷量的配置等一系列的服务是精密机房系统解决方案的核心。对 UPS 系统设施进行全方位的保护，不仅可使 UPS 系统工作稳定，而且使 UPS 系统负载故障范围大大缩小，从而提高了 UPS 供配电系统的高可靠性。

5.3.5 空调与消防系统设计

机房精密空调系统要保证机房设备连续、稳定、可靠地运行，需要排出机房内设备及其他热源所散发的热量，维持机房恒温恒湿状态，并控制机房的空气含尘量。为此要求机房精密空调系统具有送风、回风、加热、加湿、冷却、减湿和空气净化的能力。机房精密空调系统是保证良好机房环境的最重要设备，应采用恒温恒湿精密空调系统。

机房新风换气系统主要有两个作用：其一，给机房提供足够的新鲜空气，为工作人员创造良好的工作环境；其二，维持机房对外的正压差，避免灰尘进入，保证机房有更好的洁净度。

机房内的气流组织形式应结合计算机系统要求和建筑条件综合考虑。新排风系统的风管及风口位置应配合空调系统和室内结构来合理布局。其风量根据空调送风量大小和机房操作人员数量而定，一般取值为每人新风量为 50 m^3/h，新风换气系统可采用吊顶式安装或柜式机组，通过风管进行新风与污风的双向独立循环。新风换气系统中应加装防火阀并能与消防系统联动，一旦发生火灾事故，能自动切断新风进风。如果机房是无人值守机房，则没必要设置新风换气系统。

机房电气的消防安全必须在设计时就要充分考虑，但是就目前机房建设而言，许多项目业主都以总包的形式包给专业的机房建设公司，合同中涵盖所有装修、主设备、软件以及消防设施，基本达到交钥匙工程，业主对消防的要求基本上是"消防部门验收过关，万事大吉！"这种消防观念基本上还停留在被动消费层面，消防部门不可能每个工程都监管得无懈可击。利润最大化使消防投入在总包合同中艰难前进，投资不足这只是其一；其二，机房主设备大多数是高精尖设备，但消防设施还停留在"通过验收就行"的层面，将损失减到最小可能是每个消防设计人员最想达到的设计境界，目前市场上的不少消防产品可以做到，但价格较高；其三，机房建设公司在计算机和装修方面很专业，但对消防应用科学很陌生，往往在估计投资时过于克扣，使得很多项目估价不足，机房建设公司应该与消防公司经常进行交流，并确定三到四家消防合作单位进行长期合作，这样可以降低造价而提高消防工程的性能。

电气线路短路、过载、接触电阻过大等引发火灾事故。如 1995 年广东汕头金砂邮电大楼的特大火灾，就是由电线老化、绝缘性能降低而短路引起的；2001 年海南省电信公司微波大楼火灾是由电源接线端头接触电阻过大引起的。

静电产生火灾。通信设备的运行及工作人员所穿的衣服等都能产生静电。如果电信机房接地处理不当，产生的静电负荷不能很快导入大地而且越积越多，一旦形成高电位，就会发生静电导电现象，产生火花并引燃周围可燃物而发生火灾。

雷击等强电侵入导致火灾。雷电放电时所产生的电效应，能产生高达数万伏甚至数十万伏的冲击电压，足以烧毁电力线路和设备，引发绝缘击穿，发生短路引发火灾。雷电放电时所产生的热效应、静电感应以及电磁感应都可能引发火灾。

电信机房内电脑、空调等用电设备长时间通电、设备故障引发火灾。2000 年 5 月，北京电信公司大兴县青云店支局传输机房操作终端因长时间运行，致使显示器自燃引发火灾，造成传输机房瘫痪，2 万部固定电话用户不能正常通信。

使用可燃装修材料，尤其是空调隔热层和风管隔热材料容易被人们疏忽；管理不善，杂乱堆放易燃物品或保养维修时引入易燃易爆的清洗溶剂。这些都容易引发火灾。

机房的消防监控，可以单独作为机房集中监控的一部分，也可以作为机房所在建筑物的一部分，根据实际需求来处理。机房的消防措施要求机房的建筑装饰材料的选用必须是防火材料。机房的灭火方法按要求必须是惰性气体灭火，要根据实际情况来决定。

5.3.6 机房监控系统设计

机房环境及动力设备监控系统主要是对机房设备（如供配电系统、UPS 电源、防雷器、空调、消防系统、保安门禁系统等）的运行状态、温度、湿度、洁净度、供电的电压、电流、频率、配电系统的开关状态、测漏系统等进行实时监控并记录历史数据，实现对机房遥测、遥信、遥控、遥调的管理功能，为机房高效的管理和安全运营提供有力的保证。

监控机房内电源进线柜和出线柜电压、电流、频率状态。UPS 监控是通过 UPS 系统智能信号转换器监控机房内 UPS 电源输入、输出电压、电流、频率等各项参数，设置报警参数，若设备出现故障及达到报警参数设置范围，可随时向监控中心发出警报。图像监控是对机房现场进行图像实时监控与传输，保证在机房中心可随时查看每个监控点的视频图像。

对于面积较大的机房，受气流及设备分布的影响，温湿度值会有较大的区别，应根据主机房实际面积增加装温湿度传感器监控点，检测机房内的温湿度。在各个机房设置温湿度传感器，将温湿度传感器连接到现场信号采集控制器上，采集器可通过 TCP/IP 与中心实现通信，在中心机房可通过网络显示出各机房的实时温湿度情况，当温度、湿度越界时报警。

一般机房使用面积都较大，且漏水水源一般在机房地板下，为了方便机房维护，应采用专业漏水检测系统。漏水监控系统的检测设备将有水源的地方围起来，一旦有液体泄漏碰到感应绳，感应绳通过控制器将接点式信号传输到信号采集机，系统可实现报警并及时通知有关人员排除。

离子型烟雾探测设备适用于安装在少烟、禁烟场所，用来探测烟雾有无。当一定量烟雾进入烟雾传感器的反应腔时，传感器发出声光警报，并向采集器输出告警信号，通过准确地检测到烟雾，为火灾预防和早期发现提供帮助。

第6章　网络安全设计

6.1　网络安全概述

随着网络技术的快速发展，在计算机上处理的业务也由基于单机的数学运算、文件处理以及简单连接的内部网络的内部业务处理、办公自动化等发展到基于复杂内部网（intranet）、企业外部网（extranet）以及全球互联网（internet）的企业级计算机处理系统和世界范围内的信息共享和业务处理。在系统处理能力提高的同时，系统的连接能力也在不断地提高。但在连接能力、信息流通能力提高的同时，基于网络连接的安全问题也日益突出。整体网络安全主要表现在以下几个方面：网络的物理安全、网络拓扑结构安全、网络系统安全、应用系统安全和网络管理安全等。网络安全问题就像每家每户的防火防盗问题一样，要做到防患于未然，因为一旦发生，常常使人措手不及，会造成极大损失。

网络的物理安全是整个网络系统安全的前提。在网络工程建设中，由于网络系统属于弱电工程，耐压值很低，因此，在网络工程设计和施工中，必须优先考虑保护人和网络设备不受电、火灾和雷击的侵害。要考虑布线系统与照明电线、动力电线、通信线路、暖气管道及冷热空气管道之间的距离。要考虑布线系统和绝缘线、裸体线以及接地与焊接的安全。必须建设防雷系统，防雷系统不仅要考虑建筑物的防雷，还必须要考虑计算机及其他弱电耐压设备的防雷。总体来说，物理安全的风险主要有：地震、水灾、火灾等环境事故；电源故障；人为操作失误或错误；设备被盗、被毁；电磁干扰；线路截获；高可用性的硬件；双机多冗余的设计；机房环境及报警系统、安全意识等。因此要注意这些安全隐患，同时还要尽量避免网络的物理安全风险。

网络拓扑结构设计也会直接影响网络系统的安全性。在外部和内部网络进行通信时，内部网络机器的安全就会受到威胁，同时也会影响在同一网络上的许多其他系统。透过网络传播，还会影响连上 Internet 或 Intranet 的其他网络。影响所及，还可能涉及法律、金融等安全敏感领域。因此，在网络工程设计时有必要将公开服务器（WEB，DNS，E-mail 等）和外网及内部其他业务网络进行必要的隔离，避免网络结构信息外泄。同时还要对外网的服务请求加以过滤，只允许正常通信的数据包到达相应主机，其他的请求服务在到达主机之前就应该遭到拒绝。

网络系统安全是指整个网络操作系统和网络硬件平台是否可靠且值得信任。没有绝对安全的操作系统可以选择，无论是 Microsoft 的 Windows 还是其他任何商用 UNIX 操作系统，其开发厂商必然有其 Backdoor。因此，可以得出如下结论：没有完全安全的操作系统。不同的用户应从不同的方面对其网络进行详尽的分析，选择安全性尽可能高的操作系统。因此不但要选用尽可能可靠的操作系统和硬件平台，并对操作系统进行安全配置，而且必须加强登录过程的认证（特别是在到达服务器主机之前的认证），确保用户的合法性，应该严格限制登录者的操作权限，将其完成的操作限制在最小的范围内。

应用系统的安全跟具体应用有关，它的涉及面较广。应用系统的安全是动态的、不断变化的。应用的安全性也涉及信息的安全性，它包括很多方面。应用系统是不断发展且应用类型是不断增加的。在应用系统的安全性上，主要考虑尽可能建立安全的系统平台，而且通过专业的安全工具不断地发现漏洞、修补漏洞，提高系统的安全性。

管理是网络安全中最为重要的部分。权责不明、安全管理制度不健全及缺乏可操作性等都可能引起管理安全的风险。当网络出现攻击行为或网络受到其他一些安全威胁时（如内部人员的违规操作等），无法进行实时的检测、监控、报告与预警。同时，当事故发生后，也无法提供黑客攻击行为的追踪线索及破案依据，即缺乏对网络的可控性与可审查性。这就要求我们必须对站点的访问活动进行多层次记录，及时发现非法入侵行为。

建立有效的网络安全机制，必须深刻理解网络并能提供直接解决方案。因此，最可行的做法是制定健全的管理制度和严格管理相结合。保障网络安全运行，使其成为一个具有良好安全性、可扩充性和易管理性的信息网络是保障网络安全的首要任务。一旦上述安全隐患成为事实，对整个网络造成的损失是难以估计的。因此，网络安全设计是网络工程建设过程中极为重要的一环。

6.1.1　网络安全的影响因素

自然灾害、意外事故、计算机犯罪、使用不当、安全意识差、黑客的入侵或侵扰、非法访问、拒绝服务计算机病毒、非法连接，内部泄密、外部泄密、信息丢失、电子谍报、信息流量分析、信息窃取、网络协议中的缺陷、TCP/IP 协议的安全问题等都会严重威胁网络的安全。网络安全威胁主要包括两类：渗入威胁和植入威胁。渗入威胁主要有：假冒、旁路控制、授权侵犯。植入威胁主要有：特洛伊木马、陷门。陷门是将某一"特征"设立于某个系统或系统部件之中，使得在提供特定的输入数据时，允许安全策略被违反。目前我国网络安全存在几大隐患，影响网络安全性的因素主要有以下几个方面。

6.1.1.1　网络结构因素

网络基本拓扑结构有 3 种：星型、总线型和环型。一个单位在建立自己的内部网之前，各部门可能已经建立了自己的局域网，所采用的拓扑结构也可能完全不同。在建造内部网时，为了实现异构网络间信息的通信，往往要牺牲一些安全机制的设置和实现，从而提出更高的网络开放性要求。

6.1.1.2　网络协议因素

在建造内部网时，用户为了节省开支，必然会保护原有的网络基础设施。另外，网络公司为了生存的需要，对网络协议的兼容性要求越来越高，使众多厂商的协议能互联、兼容和相互通信。这在给用户和厂商带来利益的同时，也带来了安全隐患，比如在一种协议下传送的有害程序能很快传遍整个网络。

6.1.1.3　地域因素

由于内部网 Intranet 既可以是 LAN 也可能是 WAN（内部网指的是它不是一个公用网络，而是一个专用网络），网络往往跨越城际甚至国际。地理位置复杂，通信线路质量难以保证，这会造成信息在传输过程中的损坏和丢失，也给一些"黑客"以可乘之机。

6.1.1.4　用户因素

企业建造自己的内部网是为了加快信息交流，更好地适应市场需求。建立之后，用户的范围必将从企业员工扩大到客户和想了解企业情况的人。用户的增加也给网络的安全性带来了威胁，因为这里可能就有商业间谍或"黑客"。

6.1.1.5　主机因素

建立内部网时，使原来的各局域网、单机互联，增加了主机的种类，如工作站、服务器，甚至小型机、大中型机。由于它们所使用的操作系统和网络操作系统不尽相同，某个操作系统出现漏洞（如某些系统有一个或几个没有口令的账户），就可能造成整个网络的大隐患。

6.1.1.6　单位安全政策

实践证明，80%的安全问题是由网络内部引起的，因此，单位对自己内部网的安全性要有高度的重视，必须制定出一套安全管理的规章制度。

6.1.1.7　人员因素

人的因素是安全问题的薄弱环节。要对用户进行必要的安全教育，选择有较高职业道德修养的人做网络管理员，制定具体措施，提高安全意识。

6.1.1.8　其他因素

其他因素如自然灾害等是影响网络安全的因素。

6.1.2　网络安全的技术原理

网络安全性问题关系到网络应用的深入发展，它涉及安全策略、移动代码、指令保护、密码学、操作系统、软件工程和网络安全管理等内容。一般专用的内部网与公用互联网之间的隔离主要是使用"防火墙"技术。"防火墙"是一种形象的说法，其实它是一种计算机硬件和软件的组合，使互联网与内部网之间建立起一个安全网关，从而保护内部网免受非法用户的侵入。能够完成"防火墙"工作的可以是简单的隐蔽路由器，这种"防火墙"如果是一台普通的路由器，则仅能起到一种隔离作用。隐蔽路由器也可以在互联网协议端口级上阻止网间或主机间通信，起到一定的过滤作用。由于隐蔽路由器仅仅是对路由器的参数做些修改，因而也有人不把它归入"防火墙"一级的措施。真正意义的"防火墙"有两类：一类被称为标准"防火墙"；另一类叫作双家网关。标准"防火墙"系统包括一个 Unix 工作站，该工作站的两端各有一个路由器进行缓冲。其中一个路由器的接口是外部世界，即公用网；而另一个则连接内部网。标准"防火墙"使用专门的软件，并要求较高的管理水平，而且在信息传输上有一定的延迟。而双家网关则是对标准"防火墙"的扩充。双家网关又称堡垒主机或应用层网关，它是一个单一的系统，但却能同时完成标准"防火墙"的所有功能。其优点是能运行更复杂的应用，同时防止在互联网和内部系统之间建立任何直接的连接，确保数据包不能直接从外部网络到达内部网络；反之亦然。随着"防火墙"技术的进步，在双家网关的基础上又演化出两种"防火墙"配置，一种是隐蔽主机网关，另一种是隐蔽智能网关（隐蔽子网）。隐蔽主机网关是一种常见的"防火墙"配置，顾名思义，这种配置一方面将路由器进行隐藏，另一方面在互联网和内部网之间安装堡垒主机。堡垒主机装在内部网上，通过路由器的配置，堡垒主机成为内部网与互联网进行通信的唯一系统。目前技术最为复杂而且安全级别最高的"防火墙"当属隐蔽智能网关。所谓隐蔽智能网关，是将网关隐藏在公共系统之后，它是互联网用户唯一能见到的系统。所有互联网功能则是经过这个隐藏在公共系统之后的保护软件来进行的。一般来说，这种"防火墙"是最不容易被破坏的。

与"防火墙"配合使用的安全技术还有数据加密技术。数据加密技术是为提高信息系统及数据的安全性和保密性，防止秘密数据被外部破坏所采用的主要技术手段之一。随着信息技术的发展，网络安全与信息保密日益引起人们的关注。各国除了从法律上、管理上加强数据的安全保护外，这从技术上分别在软件和硬件两方面采取措施，推动着数据加密技术和物理防范技术的不断发展。按照作用不同，数据加密技术主要分为数据传输、数据存储、数据完整性的鉴别和密钥管理技术 4 种。

与数据加密技术紧密相关的另一项技术则是智能卡技术。所谓智能卡，就是密钥的一种媒体，一般就像信用卡一样，由授权用户所持有并由该用户赋予它一个口令或密码字。该密码字与内部网络服务器上注册的密码一致。当口令与身份特征共同使用时，智能卡的保密性能还是相当有效的。这些网络安全和数据保护的防范措施都有一定限度，并不是越安全就越可靠。因而，看一个内部网是否安全不仅要考虑其手段，更重要的是对该网络所采取的各种措施。其中不仅是物理防范，而且有人员素质等其他"软"因素，对这些因素进行综合评估，从而得出是否安全的结论。

6.1.3　网络安全的预防措施

计算机网络安全措施主要体现在保护网络安全、保护应用服务安全和保护系统安全三个方面，各个方面都要结合考虑安全防护的物理安全、防火墙、信息安全、Web 安全、媒体安全。

6.1.3.1　保护网络安全

网络安全是为保护商务各方网络端系统之间通信过程的安全性。保证机密性、完整性、认证性和访问控制性是网络安全的重要因素。保护网络安全的主要措施如下。

（1）全面规划网络平台的安全策略。

（2）制定网络安全的管理措施。

（3）使用防火墙。

（4）尽可能记录网络上的一切活动。

（5）注意对网络设备的物理保护。

（6）检验网络平台系统的脆弱性。

（7）建立可靠的识别和鉴别机制。

6.1.3.2　保护应用安全

保护应用安全主要是针对特定应用（如 Web 服务器、网络支付专用软件系统）所建立的安全防护措施，它独立于网络的任何其他安全防护措施。虽然有些防护措施可能是网络安全业务的一种替代或重叠，如 Web 浏览器和 Web 服务器在应用层上对网络支付结算信息包的加密，都是通过 IP 层加密。但是许多应用还有自己的特定安全要求，譬如电子商务中的应用层对安全的要求最严格、最复杂，因此更倾向于在应用层而不是在网络层采取各种安全措施。虽然网络层上的安全仍有其特定地位，但是人们不能完全依靠它来解决电子商务应用的安全性。应用层上的安全业务可以涉及认证、访问控制、机密性、数据完整性、不可否认性、Web 安全性、EDI 和网络支付等应用的安全性。

6.1.3.3　保护系统安全

保护系统安全，是指从整体网络系统的角度进行安全防护，它与网络系统硬件平台、操作系统、各种应用软件等互相关联。涉及网络的系统安全包含以下一些措施。

（1）在安装的软件中，如浏览器软件、电子钱包软件、支付网关软件等，检查和确认未知的安全漏洞。

（2）技术与管理相结合，使系统具有最小穿透风险性。如通过诸多认证才允许连通，对所有接入数据必须进行审计，对系统用户进行严格安全管理。

（3）建立详细的安全审计日志，以便检测并跟踪入侵攻击等。

拥有网络安全意识是保证网络安全的重要前提。许多网络安全事件的发生都与缺乏安全防范意识有关。要保证网络安全，进行网络安全建设，要全面了解系统，评估系统的安全性，认识到自己的风险所在，从而迅速、准确地解决内网安全问题。服务器运行的物理安全环境是很重要的，很多人忽略了这一点。物理环境主要是指服务器托管机房的设施状况，包括通风系统、电源系统、防雷防火系统以及机房的温度、湿度条件等。这些因素会影响服务器的寿命和所有数据的安全。着重强调的是，有些机房提供专门的机柜存放服务器，而有些机房只提供机架。所谓机柜，就是类似家里的橱柜那样的铁柜子，前后有门，里面有放服务器的拖架和电源、风扇等，服务器放进去后即把门锁上，只有机房的管理人员才有钥匙打开。而机架就是一个个铁架子，开放式的，服务器上架时只要把它插到拖架里去即可。这两种环境对服务器的物理安全来说有着很大差别，显而易见，放在机柜里的服务器要安全得多。如果服务器放在开放式机架上，那就意味着任何人都可以接触到这些服务器。别人如果能轻松接触到你的硬件，还有什么安全性可言？

6.2　操作系统安全设计

操作系统是最基本的系统软件，是计算机用户和计算机硬件之间的接口程序模块，是计算机系统的核心控制软件，其功能简单描述就是控制和管理计算机系统内部的各种资源，有效组织各种程序高效运行，从而为用户提供良好的、可扩展的系统操作环境，达到使用方便、资源分配合理、安全可靠的目的。长期以来，我国广泛应用的主流操作系统都是从国外引进直接使用的产品，这些系统的安全性令人担忧。从认识论的高度看，人们往往首先关注对操作系统的需要、功能，然后才被动地从出现的漏洞和后门，不断引起世界性的"冲击波"和"震荡波"等安全事件中，最后注意到操作系统本身的安全问题。操作系统的结构和机制不安全，以及 PC 机硬件结构的简化，内存无越界保护等，这些因素都有可能导致资源配置被篡改、恶意程序被植入执行、利用缓冲区溢出攻击以及非法接管系统管理员权限等安全事故发生，导致病毒在世界范围内传播泛滥，黑客利用各种漏洞攻击入侵，非授权者任意窃取信息资源，使得安全防护体系形成了防火墙、防病毒和入侵检测老三样的被动局面。

目前操作系统安全主要包括系统本身的安全、物理安全、逻辑安全、应用安全以及管理安全等。物理安全主要是指系统设备及相关设施受到物理保护，使之免受破坏或丢失。逻辑安全主要指系统中信息资源的安全。应用安全主要是指操作系统在安装及配置方面的安全。管理安全主要包括各种管理的政策和机制。操作系统是整个网络的核心软件，操作系统的安全将直接决定网络的安全。因此，要从根本上解决网络信息安全问题，需要从系统工程的角度来考虑，通过建立安全操作系统构建可信计算基（TCB），建立动态、完整的安全体系。而其中操作系统的安全技术是最为基本与关键的技术之一。

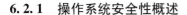

6.2.1　操作系统安全性概述

6.2.1.1　操作系统安全要素

操作系统安全涉及多个方面，专家对操作系统安全提出了六个方面内容，称为操作系统安全的六要素。这六个方面的内容如下。

（1）保密性。

保密性是指可以允许授权的用户访问计算机中的信息。

（2）完整性。

完整性是指数据的正确性和相容性，保证系统中保存的信息不会被非授权用户修改，且能保持一致性。

（3）可用性。

可用性是指对授权用户的请求，能及时、正确、安全地得到响应，计算机中的资源可供授权用户随时访问。

（4）真实性。

真实性是指系统中的信息要能真实地反映现实世界，数据具有较强的可靠性。

（5）实用性。

实用性是指系统中的数据要具有实用性，能为用户提供基本的数据服务。

（6）占有性。

占有性是指系统数据被用户拥有的特性。

6.2.1.2　操作系统安全管理

操作系统的安全管理按照级别可以分为系统级安全管理、用户级安全管理和文件级安全管理。

（1）系统级安全管理。

系统级安全管理是管理计算机环境的安全性，其任务是不允许未经核准的用户进入系统，从而也就防止了他人非法使用系统的资源。主要采用的手段有以下两种。

① 注册。系统设置一张注册表，记录注册用户的账户和口令等信息，使系统管理员能掌握进入系统的用户情况，并保证用户在系统中的唯一性。

② 登录。用户每次使用时，都要进行登录，通过核对用户账户和口令核查该用户的合法性。口令很容易泄密，要求用户定期修改口令，以进一步保证系统的安全性。

一些网络管理员在创建账号的时候往往习惯用公司名、计算机名，或者将一些容易猜测到的字符做用户名，然后把这些账户的密码设置得比较简单。这样的账户应该要求用户首次登录的时候更改成复杂的密码，还要注意经常更改密码。一个好密码的定义是安全期内无法破解出来的密码，也就是说，如果得到了密码文档，必须花 43 天或者更长的时间才能破解出来。密码策略是 42 天必须更改密码。

（2）用户级安全管理。

用户级安全管理，是为了给用户文件分配文件"访问权限"而设计的。用户对文件访问权限的大小，是根据用户分类、需求和文件属性来分配的。例如，UNIX 中，将用户分成三类：文件主、授权用户和一般用户。在系统中登录过的用户都具有指定的文件访问权限，访问权限决定了用户对哪些文件能执行哪些操作。当对某用户赋予其访问指定目录的权限时，他便具有了对该目录下的所有子目录和文件的访问权。通常对文件可以定义的访问权限有：建立、删除、打开、读、写、查询和修改。

（3）文件级安全管理。

文件级安全性是通过系统管理员或文件主对文件属性的设置，来控制用户对文件的访问。通常可对文件设置以下属性：执行、隐含、修改、索引、只读、写、共享等。

操作系统是管理整个计算机硬件与软件资源的程序，操作系统是网络系统的基础，是保证整个互联网实现信息资源传递和共享的关键。操作系统的安全性在网络安全中举足轻重。一个安全的操作系统能够保障计算资源使用的保密性、完整性和可用性，可以对数据库、应用软件、网络系统等提供全方位的保护。没有安全操作系统的保护，根本谈不上网络系统的安全，更不可能有应用软件信息处理的安全性。因此，安全的操作系统是整个信息系统安全的基础。

6.2.2　操作系统安全防护技术

操作系统是计算机资源的直接管理者，它和硬件打交道并为用户提供接口，是计算机软件的基础和核心。在网络环境中，网络安全很大程度上依赖于网络操作系统的安全性。没有网络操作系统的安全性，就没有主机系统和网络系统的安全性。因此操作系统的安全是整个计算机系统安全的基础，其安全问题日益引起人们的高度重视。作为用户使用计算机和网络资源的中间界面，操作系统发挥着重要的作用。因此，操作系统本身的安全就成了安全防护的头等大事。操作系统安全防护研究通常包括以下几方面内容。

（1）操作系统本身提供的安全功能和安全服务。现代的操作系统本身往往要提供一定的访问控制、认证与授权等方面的安全服务，如何对操作系统本身的安全性能进行研究和开发使之符合选定的环境和需求极为重要。

（2）对各种常见的操作系统，采取什么样的配置措施使之能够正确应付各种入侵。

（3）如何保证操作系统本身所提供的网络服务得到安全配置。

6.2.2.1　操作系统安全防护方法

若想要拥有一个稳定且高效的计算机操作环境，要注意把握以下方法，制定出一定的规章制度，才能做到临危不乱。

（1）保存好驱动程序盘。

计算机有一大堆的说明书、保修单，以及存有各类硬件驱动程序与应用软件的软盘或光盘，其中最重要的莫过于这些软盘和光盘，这些都是安装整理系统时必须要用到的文件，少了它们，计算机无法驱动周边硬件或其他存储设备，形同残废，千万不要将它们随地放置或移作他用，要仔细一一核对检查是否有遗漏，之后分类归纳集中保存。普通软盘片容易受潮失效，最好将其中的软件备份到硬盘或其他存储设备上。若可能的话，把重要的程序和软件用刻录机刻成光盘保存起来，这不失为备份程序的一种好方法。

（2）制作系统恢复光盘。

普通计算机安装完常用的应用程序后，安装一键还原恢复软件，做好系统备份，系统备份文件可存放在计算机 C 盘外的其他盘。最好将系统备份文件连同光盘启动文件一起刻在光盘上，做成一张系统恢复盘。一旦系统中毒、损坏或要重新安装操作系统时，用这张启动光盘重新恢复系统就显得方便多了。

（3）勿乱按 Reset 按钮。

计算机在操作时突然没有反应，并不表示一定是"死"掉了，一般人通常会激动起来，拼命地乱敲键盘和鼠标，没等几秒钟就按下"Ctrl + Alt + Del"，甚至按 Reset 按钮强迫计算机重新启动，结果是通常能够挽救得了的数据也因此灰飞烟灭。正确的做法是：遇到画面冻结，按两下按键或鼠标，然后等 3 到 5 分钟，顺便观察计算机机壳上的硬盘指示灯状况，如果指示灯偶尔还在闪烁，则表明计算机还没"昏迷"，只是暂时地"丧失理智"而已，稍待一会儿应该能恢复正常；如果指示灯在 3 到 5 分钟内不断亮起或不亮，才可能是凶多吉少的征兆，此时强迫重新开机才算恰当。需要说明的是：当你觉得已经宕机的时候，不妨利用快捷键"ALT+F4"来强迫关闭窗口，看看是否可行，如果这样做都无法挽回，再考虑按下 RESET 或"Ctrl+Alt+Del"。

（4）取消部分程序开机自动运行功能。

有一些工具软件，最常见的是杀毒软件或者系统维护程序，在开机之后，会自行启动，此时作为新手可不要以为它们是不速之客，立即终止它们的运行，甚至以为计算机中毒而强迫关机，这样会导致不可预测的后果。除了上述两种类型的软件之外，现在也有许多程序存在这种情况，这种设计出发点固然是为使用者的方便着想，但搞太多的话，一则消耗计算机系统资源，二则各种类型软件在后台同时运行，恐怕也会发生系统冲突，使系统不稳定。如果可以的话，除了一些必要的驱动程序以及杀毒软件之外，其余程序一律取消开机自动运行功能，需要的时候再调出来施展身手。

（5）不要随便安装来历不明的软件。

不要随便安装来历不明的软件，是最重要的原则。在计算机中安装软件看似单纯，其实等于系统被重装一次，牵一发而动全身，而且软件所执行的功能越接近硬件层级，危险性就越大。首要危险事件，应是安装额外的驱动程序，这些驱动程序或可以加速网络速度，或可以降低处理器的工作温度，一旦安装不成功，或与其他软件相冲突，将严重影响计算机系统的稳定。另外，一些多功能的多媒体播放程序固然好看好用，但是它们通常会更改系统内定的程序库或登录参数，这时系统就会加以纠正，这一纠正会使原本的播放程序不能正常运行。这种混乱的情况，相信不少人都经历过。要安装新软件，请注意以下几点：第一，购买正版软件，因为正版软件说明书解说详细，而且售后服务有保证，出现问题可以及时得到帮助；第二，游戏软件不要安装太多，安装游戏时尽量选择"由光盘执行"模式，以减少对硬盘文件的增删；第三，谨慎安装试用版软件，而且要采取数量控制，硬盘中以同时存在三种试用版软件为上限，要装新的试用版软件，请先将旧软件删除。当不小心安装了不喜欢的软件之后，不要自作聪明地把硬盘中所能看得到的软件程序删除，这可能会造成系统"登录"错误，进而影响系统的稳定性，也有某些软件的反安装程序写得并不好，删除后也不能恢复系统本来的面目，反而会出现"程序执行无效，请关闭程序"或"请重新安装"等错误；还有大部分程序在删除后会留下一两个 DLL 的垃圾程序文件，这不仅占用系统的空间，还会间接影响系统的运行效率。

（6）说"No"比说"Yes"保险。

当计算机屏幕出现一个对话窗口，说明了一大堆文字之后，要选择按下"Yes"或"No"之时，如果不知道这项选择到底是做什么的时候，回答"No"是比较保险的做法。因为回答"Yes"，系统通常会主动改变一些设置，这些无法预测的结果，无论是好是坏，都会造成困扰，还不如先说"No"，待慢慢了解问题的原委之后再做改变也不迟。

（7）不要乱删文件。

不要因为屏幕上有个回收站，就将许多文件都放到里面"试试看"。第一，丢得进去，却不一定能够及时将它们恢复原位；第二，有些文件进了回收站，就再也回不来了。而且，凡是扩展名为 EXE，COM，BAT，SYS，DLL 的文件，通通都是动不得的文件。还有，对于操作系统这个文件夹，请不要轻易删除其中的任何文件，否则即使开得了机，屏幕上也会出现一大堆缺东少西的提示信息。

（8）学会安全打开文件。

打开磁盘上的文件，是对文件进行操作的第一步。但是，由于计算机病毒猖獗，不少病毒都是在双击鼠标时被激活的，因此，即便是这样一个简单的操作，也需要格外小心。打开文件主要有以下几种方式，我们来分析一下它们的安全性。一是双击鼠标左键打开。这种方式打开文件，安全系数最低。大家可能早已认识到这一点，因为病毒程序经常被我们的这个习惯性操作激活。二是单击鼠标右键打开。这种方式打开文件，安全系数要比第一种方式高，但也存在危险性。因为现在的病毒可以通过鼠标右键中的命令来运行。三是用资源管理器打开，推荐使用这种方式，因为用这种方式打开文件，安全系数最高。具体的操作方法有两种：一是用鼠标右键单击"我的电脑"，选择"资源管理器"；二是点击"开始"菜单，点击"程序—附件—Windows 资源管理器"。使用系统专用的文件管理程序打开文件，避免了对磁盘的直接双击打开。即使双击资源管理器右边内容栏中的盘符，也和单击左边树形目录文件夹一样，没有给病毒文件提供直接激

活的机会，在这种情况下，病毒很难被激活，安全性大大提高。

（9）学会描述故障现象。

遇到一些问题自己解决不了，一定要向别人请求帮助，这时必须要做好以下这些工作：首先，将计算机的硬件配置（包括 CPU 的种类、内存容量、所有硬件产品的品牌规格），软件配置（包括使用什么操作系统、使用哪些软件、最近安装了哪些软件），发生问题时的详细描述，宕机时正在执行什么工作，网络连接不上时的状态等，统统详细地记录下来，并向求救对象详述，这样才能让对方及时掌握重点，对症下药。

（10）养成使用逻辑思维的思考习惯。

计算机的任何反应都是由指令下达，都是由软硬件在运作，应尝试了解计算机系统各组件与软件之间的互动关系。当一个错误发生时，先通盘思考导致错误的各种可能原因，然后依次排除，一个一个试试看，这是进步的开始，长期的积累必然会从量变引起质变。安全模式是操作系统中的一种特殊模式，经常使用计算机的朋友肯定不会感到陌生，在安全模式下用户可以轻松地修复系统的一些错误，起到事半功倍的效果。安全模式的工作原理是在不加载第三方设备驱动程序的情况下启动计算机，使计算机运行在系统最小模式，这样用户就可以方便地检测与修复计算机系统的错误。

口令安全是用户用来保卫自己系统安全的第一道防线。人们总是试图通过猜测合法用户的口令以获得没有授权的访问。一般有两种通用的做法：一是从存放许多常用的口令的数据库中，逐一地取出口令一一尝试；另一种做法是先设法偷走系统的口令文件，如 E-mail 欺骗，然后用口令破译的工具来破译这些经过加密的口令。当一个攻击者得到了初始的访问权限后，他就会到处查看系统的漏洞，借此来得到进一步的权限。因此，使系统安全的第一步就是让那些未经授权的用户不能进入你的系统。猜测法的根本是利用别人的疏忽大意和草率。如有些人以用户名做口令，有些人以简单词做口令，等等。这些人往往为图口令方便易记而疏于防范。猜测法依靠的是经验和对目标用户的熟悉程度。现实生活中，很多人的密码就是姓名汉语拼音的缩写和生日的简单组合。甚至还有人用最危险的密码——与用户名相同的密码！这时候，猜测法拥有最高的效率。其实，只要稍微有点安全意识，在口令上做点文章，就会加大口令猜测难度。

6.2.2.2　账号安全注意事项

关于用户账号的设置，一般要检查用户账号，停止不需要的账号，更改默认的账号名。通常需注意以下事项。

（1）禁用 Guest 账号。

在计算机管理的用户里面把 Guest 账号禁用。为了保险起见，最好给 Guest 加一个复杂的密码，如一串包含特殊字符、数字、字母的长字符串。还应修改 Guest 账户的属性，设置为拒绝远程访问，这样做是为了防止黑客利用 Guest 账户从网络访问计算机、关闭计算机及查看日志。

（2）限制不必要的用户。

账户要尽可能少，并且要经常用一些扫描工具查看一下系统账户、账户权限及密码。去掉所有的 Duplicate User 用户、测试用户、共享用户等等。用户组策略设置相应权限，并且经常检查系统的用户，删除已经不再使用的用户。正确配置账户的权限，密码应不少于 8 位，防止口令猜测。

（3）创建两个管理员账号。

创建一个一般权限用户用来收信以及处理一些日常事物，另一个拥有 Administrator 权限的用户只在需要的时候使用。

（4）把系统 Administrator 账号改名。

把系统 administrator 账号改名，名称不要带有"admin"等字样。

（5）创建一个陷阱用户。

创建一个名为"Administrator"的本地用户，把它的权限设置成最低，并且加上一个超过 10 位的超级复杂密码。这样可以让那些"不法之徒"忙上一段时间了，并且可以借此发现他们的入侵企图。

（6）把共享文件的权限从"Everyone"组改成授权用户。

不要把共享文件的用户设置成"Everyone"组，包括打印共享，默认的属性就是"Everyone"组的。

（7）增加登录的难度。

在"账户策略→密码策略"中设定："密码复杂性要求启用"，"密码长度最小值 8 位"，"强制密码历史 5 次"，"最长存留期 30 天"；在"账户策略→账户锁定策略"中设定："账户锁定 3 次错误登录"，"锁定时间 30 分钟"，"复位锁定计数 30 分钟"等，增加登录的难度对系统的安全大有好处。

高级文件共享是通过设置不同的账户，分别给予不同的权限，即设置访问控制列表（Access Control List，ACL）来规划文件夹和硬盘分区的共享情况，达到限制用户访问的目的。光是这样并不能启动高级文件共享，这只是禁用了简单文件共享，还必须创建共享用户，设置权限，才能达到限制访问的目的。

6.2.2.3　操作系统运行安全方法

计算机使用久了，会发现运行速度越来越慢，上网速度也越来越慢，当然变慢的原因有很多，比如中毒、磁盘碎片、虚拟内存太小等，但其中最主要的原因就是系统的垃圾。虽然系统自身能清理一些，但还是会有很多残留，时间一长，细心的用户就会发现，计算机运行速度比以前慢了很多，C 盘空间也越来越小。系统中存在多余和陈旧的功能，都可能给网络入侵者以可乘之机。所以，对于专用计算机来说，终端功能裁减往往不失为保障安全的一个行之有效的策略。对于安全性要求较高的计算机来说，首先，应关闭部分不常用的功能。如停止 TFTP，NIS，RPC 等服务，关闭蓝牙、红外等端口，停用无线网卡等硬件。对能够使攻击者获取信息，且不是绝对必要的功能，也应关闭，如 finger，rstat 等。其次，某些主要的服务 E-mail，ftp 等，也存在安全问题，但它们通常又是必须提供的，所以应减少提供这类服务的服务器数量，对不是专门提供这类服务的服务器，应彻底关闭这些功能。此外，还应尽量分散配置主机所提供的服务类型，最大限度地降低单个主机被攻击的可能性。对于 CGI，ASP，JSP 等导致终端安全性降低的程序代码，如非必要，尽量禁止运行。许多服务失效攻击和欺骗攻击都可以穿越防火墙，因此也必须关闭相应的网络功能来加以防护。如关闭 UDP 报文功能，以部分解决 UDP 风暴和 teardrop 攻击问题，降低 RPC 服务攻击的可能性。终端功能裁减应遵循终端功能完整化和最小化原则，即尽量裁减不是必需的服务和功能，尽量减少终端系统被攻击的可能性。此外，系统安全功能裁减的力度，还取决于安全策略、安全需求和使用需求。

操作系统的安全性在网络安全中有非常重要的影响，有很多网络攻击方法都是从寻找操作系统的缺陷入手的。互联网上传统 Unix 操作系统有先天的安全隐患，于是产生了很多修补手段来解决它的安全问题。但是由于 Unix 本身结构的原因，很多修补方案仍然存在系统隐患。网络安全问题包括很多方面很多环节，可以说任何一个方面任何一个环节出了问题，都会导致不安全现象的发生。不安全因素主要集中在网络传播介质及网络协议的缺陷、密码系统的缺陷、主机操作系统的缺陷。在现实运作中，密码系统已经非常完善，标准的 DES，RSA 和其他相关的认证体系已经成为公认的具有计算复杂性安全的密码标准协议，这个标准的健壮性也经受了成千上万网络主机的考验。但是网络协议与操作系统本身，仍然有很多可被攻击的入口，很多网络安全中的问题集中在操作系统的缺陷上。Unix 及类 Unix 操作系统是在 Internet 中非常普遍的操作系统，主要用于网络服务。它的源代码是公开的，所以在很多场合下使用者可以定制自己的 Unix 操作系统，使它更适合网络相关的服务要求。由于网络协议是独立于操作系统的，它的体系结构与操作系统端无关，网络协议所存在的安全隐患也是独立于操作系统来修正的。在操作系统端，安全问题主要集中在多用户的访问权限问题上。系统特权用户的权限非常大，他能够做系统所能做的任何事情。在 Unix 系统中，很多系统服务级的后台网络服务程序都拥有系统用户权限，可怕的是，这些后台程序也是安全问题的最大隐患。Unix 是一个巨大内核的操作系统，很多系统级的服务都放在内核中。如果这些服务程序有编程问题，问题也同时带到了内核级的权限中，这样，攻击者就有可能在内核级别进行恶意的操作了。因为没有任何错误的软件是很难存在的，所以只能容忍程序中错误的存在。另外，进行严格的应用程序堆栈检查及堆管理，在安全问题上也十分重要。著名的对 strcpy（）函数攻击就是利用系统没有认真管理堆栈，而导致攻击者在自己的代码空间里获得系统用户权限。总之，如果操作系统能进行更严格的应用程序管理，就有可能使系统更安全。当然，操作系统也是一个计算机程序，任何程序都会有 Bug 的存在，操作系统也不会例外。那么，如何在承认有 Bug 存在的情况下尽量使系统安全呢？也许根本不可能存在一个绝对安全的系统，可是一个好的结构可以使一个系统更难被攻击。在通常被攻击的情况下，攻击者会想办法获得系统用户权限。不可能有编写完全无错程序的办法，那么能够用尽量少的系统权限程序完成操作系统功能是解决现实中有 Bug 程序的一条可行之路。使用微内核结构的操作系统可以有效解决一些这样的问题。在微内核结构下，系统的核心只有一个消息调度核心，所有其他模块通过消息与其他模块互相联系，而通信通过消息调度核心来传输。这样，真正具有系统用户权限的程序只有这个消息调度核心了，它是直接同各种硬件打交道的模块，所有其他系统服务，如文件系统、内存管理、进程调度都运行在它之上。这样，系统权限的程序也只有消息调度模块，其他的模块可以缩小它在原来 Unix 系统中的权限，就像一个国家的军队一样，各个军官拥有本职范围内的权力，只有非常少数的军官拥有特权（这种特权军官必须存在，否则无法指挥大局），这样的军队系统被世界范围内公认为是最稳固的。系统特性微内核的结构可以保证最小的模块和代码获得最大的权限，系统的安全性也就随之增强了许多。能够运行在系统级权限的模块只有消息调度模块——微内核的核心，其他服务模块只能以与用户权限相同的权限执行。而且，由于各个模块都比较简单，所以在编码上也不容易出错，代码维护也比巨大内核的 Unix 系统容易。也许，在代码精简方面与容易编程方面微内核的优势更加明显，甚至超过了体系结构的变化带来的系统安全性。

6.2.2.4　通信系统安全方法

无论现在使用的操作系统是什么，总有一些通用的加强系统安全的建议可以参考。如果想加固系统来阻止未经授权的访问和不幸的灾难发生，以下预防措施会有很大帮助。

（1）使用安全系数高的密码。

密码长度每增加一位，就会以倍数级别增加由密码字符所构成的组合。一般来说，小于 8 个字符的密码被认为是很容易被破解的。可以用 10 个、12 个字符作为密码，16个当然更好。在不会因为过长而难于键入的情况下，让密码尽可能更长会更加安全。

（2）做好边界防护。

并不是所有的安全问题都发生在系统桌面上。使用外部防火墙/路由器来帮助保护计算机是一个好办法，哪怕你只有一台计算机。如果从低端考虑，可以购买一个宽带路由器设备，例如从网上就可以购买到的 Linksys，D-Link 和 Netgear 路由器等。如果从高端考虑，可以使用来自诸如思科、Foundry 等企业级厂商的可网管交换机、路由器和防火墙等安全设备。当然，也可以使用预先封装的防火墙/路由器安装程序，来动手打造自己的防护设备，代理服务器、防病毒网关和垃圾邮件过滤网关也都有助于实现非常强大的边界安全。通常来说，在安全性方面，可网管交换机比集线器强，具有地址转换的路由器要比交换机强，而硬件防火墙是第一选择。

（3）升级软件。

在很多情况下，在安装部署生产性应用软件之前，对系统进行补丁测试工作是至关重要的，最终安全补丁必须安装到你的系统中。如果很长时间没有进行安全升级，可能会导致计算机非常容易成为黑客的攻击目标。因此，不要把软件安装在长期没有进行安全补丁更新的计算机上。同样的情况也适用于任何基于特征码的恶意软件保护工具，诸如防病毒应用程序，如果它不进行及时的更新，就不能得到当前的恶意软件特征定义，防护效果会大打折扣。

（4）关闭没有使用的服务。

多数情况下，很多计算机用户甚至不知道他们的系统上运行着哪些可以通过网络访问的服务，这是一个非常危险的情况。在某些情况下，这可能要求你了解哪些服务对你非常重要，这样你才不会犯下诸如在一个微软 Windows 计算机上关闭 RPC 服务这样的错误。不过，关闭你实际不用的服务总是一个正确的想法。

（5）使用数据加密。

对于那些有安全意识的计算机用户或系统管理员来说，有不同级别的数据加密范围可以使用，根据需要选择正确级别的加密通常是根据具体情况来决定的。数据加密的范围很广，从使用密码工具来逐一对文件进行加密，到文件系统加密，最后到整个磁盘加密。除了 boot 分区加密之外，还有许多种解决方案可以满足每一个加密级别的需要，其中既包括商业化的专有系统，也包括可以在每一个主流桌面操作系统上进行整盘加密的开源系统。

（6）通过备份保护数据。

通过备份保护数据是可以保护在面对灾难的时候把损失降到最低的重要方法之一。数据冗余策略既可以包括简单、基本的定期拷贝数据到 CD 上，也包括复杂的定期自动备份到一个服务器上。

（7）加密敏感通信。

保护通信免遭窃听的密码系统是非常常见的。当然，在个人对个人的通信中，有时候很难说服另一方使用加密软件来保护通信；但是有的时候，这种保护是非常重要的。

（8）不要信任外部网络。

开放的无线网络必须通过自己的系统来确保安全，不要相信外部网络和自己的私有网络一样安全。举个例子来说，在一个开放的无线网络中，使用加密措施来保护敏感通信是非常必要的，包括在连接到一个网站时，可能会使用一个登录会话 Cookie 来自动进行认证，或者输入一个用户名和密码进行认证。还有，确信不要运行那些不是必需的网络服务，因为如果存在未修补的漏洞的话，它们就可以被利用来威胁系统。从内部和外部两方面入手检查系统，判断有什么机会可以被恶意安全破坏者利用来威胁计算机的安全，确保这些切入点要尽可能地被关闭。在某些方面，这只是关闭不需要的服务和加密敏感通信这两种安全建议的延伸，在使用外部网络的时候，需要谨小慎微。很多时候，要想在一个外部非信任网络中保护自己，实际上会要求你对系统的安全配置重新进行设定。

（9）监控系统的安全是否被威胁和侵入。

永远不要认为因为已经采取了一系列安全防护措施，系统就一定不会遭到安全破坏者的入侵。应该搭建起一些类型的监控程序来确保可疑事件可以迅速引起网管的注意，并能够允许跟踪判断是安全入侵还是安全威胁。不仅要监控本地网络，还要进行完整性审核，以及使用一些其他本地系统安全监视技术。根据使用的操作系统不同，还有很多其他安全预防措施。有的操作系统因为设计的原因，存在的安全问题要大一些；而有的操作系统可以让有经验的系统管理员来大大提高系统的安全性。

 # 6.3　备份设计

备份设计在网络安全设计中占有重要地位。只要在网络系统中发生数据传输、数据存储和数据交换，就有可能产生网络系统失效、数据丢失或遭到破坏。如果没有进行细致的备份设计，就会导致数据丢失或损毁，而造成的损失将是无法弥补与估量的。

6.3.1　磁盘阵列技术

磁盘阵列（redundant arrays of independent drives，RAID），是"独立磁盘构成的具有冗余能力的阵列"的意思。磁盘阵列是由很多块独立的磁盘组合成一个容量巨大的磁盘组，利用个别磁盘提供数据所产生加成效果提升整个磁盘系统效能。利用这项技术将数据切割成许多区段，分别存放在各个硬盘上。磁盘阵列还能利用同位检查（parity check）的观念，在数组中任意一个硬盘故障时，仍可读出数据，在数据重构时，将数据经计算后重新置入新硬盘中。磁盘阵列是1988年由美国加利福尼亚大学伯克利分校的David Patterson教授等人提出来的磁盘冗余技术。从那时起，磁盘阵列技术发展得很快，并逐步走向成熟。

磁盘阵列技术可以详细地划分为若干个级别（0~5）RAID技术，并且又发展了RAID Level 10，30，50的新级别。廉价冗余磁盘阵列（redundant array of inexpensive disk，RAID）的优点是：安全性高，速度快，数据容量超大。某些级别的RAID技术可以把速度提高到单个硬盘驱动器的400%。磁盘阵列把多个硬盘驱动器连接在一起协同工作，大大提高了速度，同时把硬盘系统的可靠性提高到接近无错的境界。这些"容错"系统速度极快，同时可靠性极高。已基本得到公认的磁盘阵列技术有下面八种系列。

6.3.1.1　RAID0（0级盘阵列）

RAID0又称数据分块，即把数据分布在多个盘上，没有容错措施。其容量和数据传

输率是单机容量的 N 倍，N 为构成盘阵列的磁盘机总数，I/O 传输速率高，但平均无故障时间（mean time to failure，MTTF）只有单台磁盘机的 N 分之一，因此零级盘阵列的可靠性最差。

6.3.1.2　RAID1（1 级盘阵列）

RAID1 又称镜像盘，采用镜像容错来提高可靠性。即每一个工作盘都有一个镜像盘，每次写数据时同时写入镜像盘，读数据时只从工作盘读出。一旦工作盘发生故障立即转入镜像盘，从镜像盘中读出数据，然后由系统恢复工作盘正确数据。因此这种方式数据可以重构，但工作盘和镜像盘必须保持一一对应关系。这种盘阵列可靠性很高，但其有效容量减小到总容量的一半以下。因此 RAID1 常用于对出错率要求极严的应用场合，如财政、金融等领域。

6.3.1.3　RAID2（2 级盘阵列）

RAID2 又称位交叉，它采用汉明码做盘错检验，无须在每个扇区之后进行 CRC 检验。汉明码是一种 (n, k) 线性分组码，n 为码字的长度，k 为数据的位数（$k = 2^r - 1 - r$），r 为用于检验的位数。因此按位交叉存取最有利于做汉明码检验。这种盘适于大数据的读写。但冗余信息开销还是太大，阻止了这类盘的广泛应用。

6.3.1.4　RAID3（3 级盘阵列）

RAID3 为单盘容错并行传输阵列盘。它的特点是将检验盘减小为一个（RAID2 校验盘为多个，RAID1 检验盘为 1∶1），数据以位或字节的方式存于各盘（分散记录在组内相同扇区号的各个磁盘机上）。它的优点是整个阵列的带宽可以充分利用，使批量数据传输时间缩短；其缺点是每次读写要牵动整个组，每次只能完成一次。

6.3.1.5　RAID4（4 级盘阵列）

RAID4 是一种可独立地对组内各盘进行读写的阵列。其校验盘也只有一个。RAID4 和 RAID3 的区别是：RAID3 是按位或按字节交叉存取，而 RAID4 是按块（扇区）存取，可以单独对某个盘进行操作，它无须 RAID3 那样，哪怕每一次小量数据的 I/O 操作也要涉及全组，只需涉及组中两台磁盘机（一台数据盘，一台检验盘）即可，从而提高了小量数据的 I/O 速率。

6.3.1.6　RAID5（5 级盘阵列）

RAID5 是一种旋转奇偶校验独立存取的阵列。它和 RAID1，2，3，4 各盘阵列的不同点是它没有固定的校验盘，而是按某种规则把其冗余的奇偶校验信息均匀地分布在阵列所属的所有磁盘上。于是在同一台磁盘机上既有数据信息也有校验信息。这一改变解决了争用校验盘的问题，因此 DAID5 允许在同一组内并发进行多个写操作。所以 RAID5 既适于大数据量的操作，也适于各种事务处理。它是一种快速、大容量和容错分布合理的磁盘阵列。

6.3.1.7 RAID6（6 级盘阵列）

RAID6 是一种双维奇偶校验独立存取的磁盘阵列。它的冗余校验、纠错信息均匀分布在所有磁盘上，而数据仍以大小可变块以交叉方式存于各盘。这类盘阵列可容许双盘出错。

6.3.1.8 RAID7（7 级盘阵列）

RAID7 是在 RAID6 的基础上，采用了 cache 技术，它使得传输率和响应速度都有较大的提高。cache 是一种高速缓冲存储器，即数据在写入磁盘阵列以前，先写入 cache 中。一般采用 cache 分块大小和磁盘阵列中数据分块大小相同，即一块 cache 分块对应一块磁盘分块。在写入时将数据分别写入两个独立的 cache，这样即使其中有一个 cache 出故障，数据也不会丢失。写操作将先直接在 cache 级响应，然后转到磁盘阵列。数据从 cache 写到磁盘阵列时，同一磁道的数据将在一次操作中完成，避免了不少块数据多次写的问题，提高了速度。在读出时，主机也是直接从 cache 中读出，而不是从阵列盘上读取，减少了磁盘读操作次数，从而充分地利用了磁盘带宽。这样 cache 和磁盘阵列技术的结合，弥补了磁盘阵列的不足（如分块写请求响应差等缺陷），使整个系统以高效、快速、大容量、高可靠以及灵活、方便的存储系统提供给用户，从而满足了当前的技术发展的需要，尤其是多媒体系统的需要。

6.3.2 服务器备份

服务器数据备份策略要进行存储备份软件选择、存储备份技术（包括存储备份硬件及存储备份介质）选择，还需要确定数据备份的策略。备份策略指确定需备份的内容、备份时间及备份方式。各个单位要根据自己的实际情况来制定不同的备份策略。目前被采用最多的备份策略主要有以下三种。

6.3.2.1 完全备份

每天对系统进行完全备份，这种备份策略的好处是：当发生数据丢失时，只要用一盘磁带（即数据丢失发生前一天的备份磁带），就可以恢复丢失的数据。而它也有不足之处。首先，由于每天都对整个系统进行完全备份，造成备份的数据大量重复。这些重复的数据占用了大量的磁带空间，这对用户来说就意味着增加成本。其次，由于需要备份的数据量较大，因此备份所需的时间也就较长。对于那些业务繁忙、备份时间有限的单位来说，选择这种备份策略是不明智的。

6.3.2.2 增量备份

通常选择星期天进行一次完全备份，在接下来的六天里只对当天新的或被修改过的数据进行备份。这种备份策略的优点是节省了磁带空间、缩短了备份时间。它的缺点在于，当数据丢失时，数据的恢复比较麻烦。例如，系统在周三的早晨发生故障，丢失了大量的数据，那么在周三当天就要将系统恢复到周二晚上时的状态。这时系统管理员就要首先找出星期天的那盘完全备份磁带进行系统恢复，然后找出星期一的磁带来恢复星期一的数据，最后找出星期二的磁带来恢复星期二的数据。很明显，这种方式很烦琐。另外，这种备份的可靠性也很差。在这种备份方式下，各盘磁带间的关系就像链子一样，一环套一环，其中任何一盘磁带出了问题都会导致整条链子脱节。比如在上例中，若星期二的磁带出了故障，那么管理员最多只能将系统恢复到星期一晚上时的状态。

6.3.2.3　差分备份

管理员先在星期天进行一次系统完全备份，然后在接下来的几天里，将当天所有与星期天不同的数据（新的或修改过的）备份到磁带上。差分备份策略在避免了以上两种策略的缺陷的同时，又具有了它们的所有优点。首先，它无须每天都对系统做完全备份，因此备份所需时间短，并节省了磁带空间。其次，它的数据恢复也很方便。系统管理员只需两盘磁带，即星期一的磁带与数据丢失发生前一天的磁带，就可以将系统恢复。在实际应用中，备份策略通常是以上三种的结合。例如，每周一至周六进行一次增量备份或差分备份，每周日进行一次全备份，每月底进行一次全备份，每年底进行一次全备份。

备份企业数据库的方案中第一种为物理备份，该方法实现数据库的完整恢复，但数据库必须运行在归档模式下（业务数据库在非归档模式下运行），且需要大容量的外部存储设备，例如磁带库；第二种备份方案为逻辑备份，业务数据库采用此种方案，此方法不需要数据库运行在归档模式下，不但备份简单，而且可以不需要外部存储设备。绝大多数数据库软件都采用这两种基本方案的备份，只是在备份的策略和技巧上各有侧重，并且在各种数据库辅助软件的帮助下可以实现定时备份、异地备份、增量压缩备份以及自动备份，帮助企业在数据管理上更好地适应应用的需要。一般的数据库备份需要考虑如下因素。

（1）数据本身的重要程度。

（2）数据的更新和改变频繁程度。

（3）备份硬件的配置。

（4）备份过程中所需要的时间以及对服务器资源占用的实际需求情况。

（5）数据库备份方案中，还需要考虑对业务处理的影响尽可能地小，要把需要长时间完成的备份过程放在业务处理的空闲时间进行。对于重要的数据，要保证在极端情况下的损失都可以正常恢复。对备份硬件的使用要合理，既不盲目地浪费备份硬件，也不让备份硬件空闲。

双机热备份技术是一种软硬件结合、具有较高容错的应用方案。该方案由两台服务器系统和一个外接共享磁盘阵列柜（也可没有，而是在各自的服务器中采取 RAID 卡）及相应的双机热备份软件组成。在这个容错方案中，操作系统和应用程序安装在两台服务器的本地系统盘上，整个网络系统的数据是通过磁盘阵列集中管理和数据备份的。数据集中管理是通过双机热备份系统，将所有站点的数据直接从中央存储设备读取和存储，并由专业人员进行管理，极大地保护了数据的安全性和保密性。用户的数据存放在外接共享磁盘阵列中，在一台服务器出现故障时，备机主动替代主机工作，保证网络服务不间断。双机热备份系统通常采用"心跳"方法保证主系统与备用系统的联系。所谓"心跳"，指的是主从系统之间相互按照一定的时间间隔发送通信信号，表明各自系统当前的运行状态。一旦"心跳"信号表明主机系统发生故障，或者备用系统无法收到主机系统的"心跳"信号，则系统的高可用性管理软件认为主机系统发生故障，主机停止工作，并将系统资源转移到备用系统上，备用系统将替代主机发挥作用，以保证网络服务运行不间断。双机热备份方案中，根据两台服务器的工作方式可以有三种不同的工作模式，即双机热备模式、双机互备模式和双机双工模式。下面分别简单介绍。

双机热备模式即通常所说的 active/standby 方式，active 服务器处于工作状态；而 standby 服务器处于监控准备状态，服务器数据包括数据库数据同时往两台或多台服务器写入（通常各服务器采用 RAID 磁盘阵列卡），保证数据的即时同步。当 active 服务器出现故障的时候，通过软件诊测或手工方式将 standby 机器激活，保证在短时间内完全恢复正常使用。双机热备模式最为典型的应用是在证券信息系统中的资金服务器或行情服务器。这是采用较多的一种模式，但由于另外一台服务器长期处于后备的状态，从计算资源方面考量，就存在一定的浪费。

双机互备模式，是两个相对独立的应用在两台机器同时运行，但彼此均设为备机，当某一台服务器出现故障时，另一台服务器可以在短时间内将故障服务器的应用接管过来，从而保证了应用的持续性。但对服务器的性能要求比较高，配置相对要好。

双机双工模式是群集（cluster）的一种形式，两台服务器均为活动状态，同时运行相同的应用，保证整体的性能，也实现了负载均衡和互为备份，需要利用磁盘柜存储技术（最好采用 San 方式）。WEB 服务器或 FTP 服务器等用此种方式比较多。

应该说 RAID 和数据备份都是很重要的。但是，RAID 技术只能解决硬盘的问题，备份只能解决系统出现问题后的恢复。而一旦服务器本身出现问题，无论是设备的硬件问题还是软件系统的问题，都会造成服务的中断。因此，RAID 及数据备份技术不能解决服务中断的问题。对于需要持续可靠地提供应用服务的系统，双机还是非常重要的。只要想一想，如果你的服务器坏了，你要用多少时间将其恢复到能正常工作，你的用户能容忍多长的恢复时间，就能理解双机的重要性了。另外，RAID 以及磁带备份也是非常必要的。对于 RAID 而言，可以以很低的成本大大提高系统可靠性，而且其复杂程度远远低于双机。因为毕竟硬盘是系统中机械操作最频繁、易损率最高的部件，如果采用 RAID，就可以使出现故障的系统很容易修复，也可以减少服务器停机进行切换的次数。数据备份更是必不可少的措施。因为无论 RAID 还是双机，都是一种实时的备份。任何软件错误、病毒影响、误操作等，都会同步地在多份数据中发生影响。因此，一定要进行数据的备份（无论采用什么介质，都建议用户至少要有一份脱机的备份），以便能在

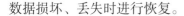

数据损坏、丢失时进行恢复。

6.3.3　网络存储技术

网络存储（network storage）是数据存储的一种方式。网络存储结构大致分为三种：直连式存储（direct attached storage，DAS）、网络附加存储（network attached storage，NAS）和存储区域网（storage area network，SAN）。由于普通消费者对 NAS 较为熟悉，所以一般网络存储都指 NAS。

网络存储被定义为一种特殊的专用数据存储服务器，包括存储器件（例如磁盘阵列、CD/DVD 驱动器、磁带驱动器或可移动的存储介质）和内嵌系统软件，可提供跨平台文件共享功能。网络存储通常在一个 LAN 上占有自己的节点，无须应用服务器的干预，允许用户在网络上存取数据，在这种配置中，网络存储集中管理和处理网络上的所有数据，将负载从应用或企业服务器上卸载下来，有效降低总拥有成本，保护用户投资。

高端服务器使用的专业网络存储技术大概分为四种，即 DAS，NAS，SAN，ISCSL，它们可以使用 RAID 阵列提供高效的安全存储空间。

6.3.3.1　直接附加存储（DAS）

直接附加存储是指将存储设备通过 SCSI 接口直接连接到一台服务器上使用。DAS 购置成本低，配置简单，使用过程和使用本机硬盘并无太大差别，对于服务器的要求仅仅是一个外接的 SCSI 口，因此对于小型企业很有吸引力。但是 DAS 也存在诸多问题：一是服务器本身容易成为系统瓶颈；二是服务器发生故障，数据不可访问；三是对于存在多个服务器的系统来说，设备分散、不便管理，同时多台服务器使用 DAS 时，存储空间不能在服务器之间动态分配，可能造成相当的资源浪费；四是数据备份操作复杂。

6.3.3.2　存储区域网（SAN）

SAN 实际是一种专门为存储建立的独立于 TCP/IP 网络之外的专用网络。目前，一般的 SAN 提供 2 Gb/s 到 4 Gb/s 的传输速率，同时 SAN 网络独立于数据网络存在，因此存取速度很快。另外，SAN 一般采用高端的 RAID 阵列，使 SAN 的性能在几种专业网络存储技术中傲视群雄。由于 SAN 的基础是一个专用网络，因此扩展性很强，不管是在一个 SAN 系统中增加一定的存储空间还是增加几台使用存储空间的服务器都非常方便。通过 SAN 接口的磁带机，SAN 系统可以方便高效地实现数据的集中备份。SAN 作为一种新兴的存储方式，是未来存储技术的发展方向。但是，它也存在一些缺点：一是价格昂贵。无论是 SAN 阵列柜还是 SAN 必需的光纤通道交换机价格都是十分昂贵的，就连服务器上使用的光通道卡的价格也不容易被小型商业企业所接受。二是需要单独建立光纤网络，异地扩展比较困难。

6.3.3.3　iSCSI

使用专门的存储区域网成本很高，而利用普通的数据网来传输 SCSI 数据，实现同

SAN 相似的功能可以大大地降低成本，同时提高系统的灵活性。iSCSI 就是这样一种技术，它利用普通的 TCP/IP 网来传输本来用存储区域网传输的 SCSI 数据块。iSCSI 的成本相对 SAN 来说要低不少。随着千兆网的普及，万兆网也逐渐进入主流，这使 iSCSI 的速度相对 SAN 来说并没有太大的劣势。iSCSI 目前存在几个主要问题：一是新兴的技术，提供完整解决方案的厂商较少，对管理者技术要求高；二是通过普通网卡存取 iSC-SI 数据时，解码成 SCSI 需要 CPU 进行运算，增加了系统性能开销，如果采用专门的 iSCSI 网卡，虽然可以减少系统性能开销，但会大大增加成本；三是使用数据网络进行存取，存取速度受网络运行状况的影响。

6.3.3.4　网络附加存储（NAS）

NAS 实际是一种带有瘦服务器的存储设备。这个瘦服务器实际是一台网络文件服务器。NAS 设备直接连接到 TCP/IP 网络上，网络服务器通过 TCP/IP 网络存取管理数据。NAS 作为一种瘦服务器系统，易于安装和部署，管理使用也很方便。同时由于可以允许客户机不通过服务器直接在 NAS 中存取数据，因此对服务器来说可以减少系统开销。NAS 为异构平台使用统一存储系统提供了解决方案。由于 NAS 只需要在一个基本的磁盘阵列柜外增加一套瘦服务器系统，对硬件要求很低，软件成本也不高，甚至可以使用免费的 LINUX 解决方案，因此成本只比直接附加存储略高。NAS 存在几个主要问题：一是由于存储数据通过普通数据网络传输，因此易受网络上其他流量的影响，当网络上有其他大数据流量时会严重影响系统性能；二是由于存储数据通过普通数据网络传输，因此容易产生数据泄漏等安全问题；三是存储只能以文件方式访问，而不能像普通文件系统一样直接访问物理数据块，因此会在某些情况下严重影响系统效率，比如大型数据库就不能使用 NAS。

四种网络存储技术方案各有优劣。对于小型且服务较为集中的商业企业，可采用简单的 DAS 方案。对于中小型商业企业，服务器数量比较少，有一定的数据集中管理要求，且没有大型数据库需求的，可采用 NAS 方案。对于大中型商业企业，SAN 和 iSCSI 是较好的选择。如果希望使用存储的服务器相对比较集中，且对系统性能要求极高，可考虑采用 SAN 方案；对于希望使用存储的服务器相对比较分散，又对性能要求不是很高的，可以考虑采用 iSCSI 方案。

第 7 章　网络工程验收与运维

网络工程验收是网络工程建设的最后一项工作，是检验网络工程建设质量的重要环节。网络工程验收关系整个网络工程质量能否达到预期设计指标。网络工程验收的最终结果是向用户提交一份完整的系统测试与验收报告。网络工程验收合格交付用户后，在网络使用运行中网络的运维工作至关重要。

7.1　网络工程验收

网络工程验收是用户对网络施工工作的认可，检查网络系统是否符合设计要求和相关规范。验收工作体现在网络工程施工的全过程。

7.1.1　网络设备的到货验收

7.1.1.1　验收的主要步骤

（1）先期准备。

由网络系统集成商的相关负责人员在网络设备到货前根据订货清单填写到货设备登记表中的相关栏目，以便网络设备到货时进行核查清点及检验。到货设备登记表是为了方便验收工作而设定的，所以无须任何人签字，只需要由专人保管就可以了。

（2）开箱检查、清点与验收。

一般情况下，设备厂商会提供一份网络设备验收清单，可以以网络设备厂商的验收单为准。妥善保存设备的随机文档、质保单及设备说明书，相关软件和设备驱动程序应单独保存在安全的地方，以便于日后使用。

7.1.1.2　验收的主要内容

网络设备验收也可以叫作硬件设备到货的开箱验收或单独购买系统软件时的开包验收。验收的主要内容包括以下几项。

（1）检验到货的硬件设备和单独购买软件的货号及数量是否符合设备订货清单。

（2）检验到货的设备及软件是否损坏及是否能够正常运行。

（3）检验按照合同定购的设备及软件是否按时到货。

验收的结果应该提供一份由参与验收的用户、设备和软件供应商及系统集成商签名的硬件设备及系统软件验收清单，并标注验收的日期。

7.1.2 计算机系统与网络系统的初步验收

对所有的新建、扩建和改建项目，都应在完成施工调试之后进行初步验收。初步验收的时间应在原定计划的建设工期内进行，由建设单位组织相关单位（如设计、施工、监理、使用等单位人员）参加。初步验收工作包括检查工程质量，审查竣工资料，对发现的问题提出处理的意见，并组织相关责任单位落实解决。

7.1.2.1 计算机系统与网络系统初步验收

（1）按照合同所附的计算机系统的技术指标，测试即将交付用户试运行的计算机系统能否满足这些指标要求。

（2）按照合同所附的网络系统的技术指标，测试即将交付用户试运行的网络系统能否满足这些指标要求。

（3）按照合同所附的集成系统的技术指标，测试即将交付用户试运行的计算机与网络系统能否满足这些指标要求。

7.1.2.2 网络设备测试方式

对于网络设备，其测试成功的标准应为：能够从网络中任意一台机器和设备 Ping 及 Telnet 同网络中其他任意一台机器或设备。由于网络内部设备较多，不可能进行逐对测试，因此可采用如下的方式进行测试。

（1）在每一个子网中随机选取两台机器或设备，进行 Ping 和 Telnet 测试。

（2）对每一对子网进行连通性测试，即从两个子网中各选一台机器或设备进行 Ping 和 Telnet 测试。

（3）在测试中，Ping 测试每次发送数据包不应少于 300 个，Telnet 连通即可。Ping 测试的成功率在局域网内应为 100%，在广域网内由于线路质量问题，以及周围环境变化，视具体情况而定，一般不应低于 80%。

7.1.2.3 验收要求

验收的要求有如下几点。

（1）工程的验收工作，是对整个工程的全面验收和施工质量的评定。因此，必须按照国家规定的工程建设项目验收办法和工作要求实施。

（2）在工程施工过程中，施工单位必须重视质量，加强自检和随工检查等技术管理措施，力求消灭一切因施工质量而造成的隐患。

（3）由建设单位负责组织现场检查、资料收集与整理工作。设计单位、施工单位提供资料和施工图纸（竣工图纸）。

7.1.2.4 验收范围

（1）工程质量和竣工资料。

（2）设备器材的检验、设备安装检验、线缆的敷设和保护方式、线缆终接和工程电气测试等。

（3）工程说明；竣工图纸；配线架配置说明；测试说明记录及测试数据磁盘；由设计施工单位、使用单位等单位之间签订的洽商记录；随工验收记录。

（4）主要设备的物理连接图、系统路由示意图、系统连通性测试报告、系统拓扑图、系统测试报告、系统配置清单及参数设定说明。

（5）软件使用许可证、序列号、介质（光盘/软盘）、管理员手册和安装指南、用户手册或操作指南、系统配置清单及参数设定说明。

7.1.2.5　国内工程验收检测组织

目前，国内工程验收检测组织有以下几种情况。

（1）施工单位自己组织验收测试。

（2）施工监理机构或使用单位组织验收测试。

（3）第三方测试机构组织验收测试。

（4）根据建设单位的实际情况，选择合适的验收测试方式。

7.1.2.6　验收结论

初步验收结果要提交一份由用户、供应商和集成商以及三方的技术负责人签名的初步验收报告。报告应附计算机系统、网络系统以及集成系统的测试报告，同时还应给出明确的结论：

（1）通过初步验收。

（2）基本通过初步验收，但要求在某一期限内解决某些遗留的问题。

（3）尚未通过初步验收，确定在某一时间再次进行初步验收。

7.1.3　系统试运行

从初验结束的那个时刻开始，整体网络系统就进入为期三个月的试运行阶段。整体网络系统在试运行期间不间断地连续运行时间不应少于两个月。试运行期间由系统集成厂商的代表负责，用户和设备厂商密切协调配合。在试运行期间要完成以下各项任务。

（1）监视系统运行。

（2）网络基本应用测试。

（3）断电-重启测试。

（4）冗余模块测试。

（5）可靠性测试。

（6）网络负载能力测试。

（7）系统最忙时访问能力测试。

（8）安全性测试。

⟪⟫ 7.2　网络系统的运行与维护

计算机网络是一个复杂的综合系统，因此网络故障诊断工作就显得十分繁杂。许多网络管理者都经受过网络异常的困扰。如果网络忽通忽断，或者经常出现莫名其妙的现象，那么网络就可能存在故障隐患。因此网络管理者掌握一定的网络系统故障检测与解决方法就显得非常重要。

7.2.1　网络系统故障检测和排除的基本方法

网络系统管理者发现引起网络故障的原因很多，有操作系统引起的，有应用程序冲突引起的，以及硬件引起的，等等。下面从几方面来分析网络故障。

按照故障性质的不同来分有物理故障与逻辑故障两种。物理故障又称硬故障，是指由硬件引起的网络故障。逻辑故障又称软故障，是指由软件配置或软件错误等引起的网络故障。

按照故障出现的对象来分有主机故障、路由器故障及线路故障。主机故障常见的原因就是主机配置不当。路由器故障主要是由路由器设置错误、路由算法自身的 bug、路由器超负荷等问题导致网络不通或者时通时不通的故障。线路故障主要是由线路老化、损坏、接触不良以及中继设备故障等问题所导致的。

7.2.1.1　连通性故障检测与排除

（1）连通性故障的常见情况。

① 计算机无法登录到服务器。

② 无法通过局域网接入 Internet。

③ 在"网上邻居"中只能看到自己，而看不到其他计算机，从而无法使用其他计算机上的共享打印机。

④ 计算机无法在网络内访问其他计算机上的资源。

⑤ 网络中的部分计算机运行速度异常缓慢等。

（2）连通性故障常见的原因。

① 网卡未安装或配置错误。

② 网卡硬件故障。

③ 网络协议未安装或设置不正确。

④ 网线、跳线或信息插座故障，HUB、交换机电源未打开。

⑤ 交换机硬件故障或交换机端口硬件故障等。

（3）连通性故障的排除方法。

① 确认连通性故障。

当网络出现应用故障时，如无法接入 Internet，可首先尝试查找网络中的其他计算机。如果网络使用正常，可排除连通性故障原因。如虽然无法接入 Internet，但能够在网上邻居中找到其他计算机，或可 Ping 通其他计算机。如果其他网络应用均无法实现，则基本上可以肯定连通性故障，按以下的步骤加以排除。

② 排除网卡或协议故障。

首先查看网卡的指示灯是否正常。正常情况下，在不传数据时，网卡的指示灯闪烁较慢，传送数据时则闪烁较快。网卡的指示灯不亮或常亮不灭，都表明网络有故障存在。若网卡的指示灯不正常，则说明发生了连通性故障。可以先关闭电源，换一块好网卡。如果故障仍然存在，则说明从这个网卡到网线另一端之间存在问题。对于交换机来说，凡是插有网线的端口指示灯都亮，指示灯的作用只能指示该端口是否连接有终端设备，而不能显示通信状态如何。

如果上述方法不能判断网卡故障的话，可用 Ping 命令排除网卡或协议故障。使用 Ping 命令，Ping 本地的 IP 地址或计算机名，检查网卡和 IP 网络协议是否安装好。如果能 Ping 通，说明该计算机的网卡和网络协议设置都没有问题，问题出在计算机与网络的连接上。因此，应该检查网线和交换机及交换机的接口状态。如果无法 Ping 通，说明 TCP/IP 协议有问题。

③ 排除交换机故障。

如果确定网卡和协议都正确而网络仍不通，判断交换机或线路可能有问题，可找一台网络工作正常的计算机用上述方法进行判断。如果计算机与其连接正常，则故障一定出在先前那台计算机和交换机的接口上。应检查交换机的指示灯是否正常，如果先前那台计算机与交换机连接的接口灯不亮，说明该交换机的接口有故障。

④ 排除线路故障。

如果交换机没有问题，则应检查连接计算机和交换机的那一段线路是否有故障。判断线路故障最有效的方法是用另一根好的网线做替换实验。最好使用专门的线路测试仪器来判断。

7.2.1.2　协议故障的发现与排除

（1）协议故障通常表现。

① 计算机无法登录到服务器。

② 在计算机"网上邻居"中既看不到自己，也看不到其他的计算机。

③ 在"网上邻居"中能看到自己和其他计算机，但无法访问其他计算机上的资源。

④ 计算机无法通过局域网接入 Internet 等。

（2）故障原因分析。

① 协议未安装。实现局域网通信，需要安装 NetBEUI 协议。

② 协议配置不正确。TCP/IP 协议涉及的基本参数有四个，包括 IP 地址、子网掩

码、DNS、网关。任何一个设置错误，都会导致故障发生。

（3）协议故障排除步骤。

① 检查电脑是否安装 TCP/IP 和 NetBEUI 协议，如果没有，及时安装这两个协议，并把 TCP/IP 参数配置好，然后重新启动计算机。

② 使用 Ping 命令，测试与其他电脑的连接情况。

③ 检查局域网组件配置。如果想要使用局域网共享资源，可在"控制面板"的"网络"属性中单击"文件及打印共享"按钮，在出现的"文件及打印共享"对话框中检查一下，看是否选中了"允许其他用户访问我的文件"和"允许其他计算机使用我的打印机"复选框，或者选中其中的一个。如果没有，则应全部选取或选中一个，否则将无法使用共享文件夹。

④ 系统重新启动后，双击"网上邻居"，将显示网络中的其他计算机和共享资源。如果仍看不到其他计算机，可以使用"查找"命令，能找到其他计算机则问题解决了。

⑤ 在"网络"属性的"标识"中重新为该计算机命名，使其在网络中具有唯一性。

7.2.1.3 配置故障的发现与排除

配置错误也是导致故障发生的重要原因之一。网络管理员对服务器、路由器等的不当设置也会导致网络故障。配置故障更多的时候是表现在不能实现网络所提供的各种服务上，如不能访问某一台计算机等。因此，在修改配置前，必须做好原有配置的记录，最好进行备份。

（1）配置故障的通常表现。

① 计算机只能与某些计算机而不是全部计算机进行通信。

② 计算机无法访问任何其他设备。

（2）配置故障发现与排除。

配置故障排除首先要检查发生故障计算机的相关配置。如果发现错误，修改后，再测试相应的网络服务能否实现。如果没有发现错误，或相应的网络服务不能实现，则测试系统内的其他计算机是否有类似的故障。如果有同样的故障，说明问题出在网络设备上，如交换机；反之，检查被访问计算机对该访问计算机所提供的服务是否正确。

7.2.2 常用的网络故障测试命令

在进行网络故障排除时，经常需要用到相应的测试工具。网络测试工具基本上分为两类：专用测试工具和系统集成的测试命令。其中专用测试工具虽然功能强大，但价格较为昂贵，主要用于对网络的专业测试。对于日常的网络维护来说，通过熟练掌握由系统（操作系统和网络设备）集成的一些测试命令，就可以判断网络的工作状态和常见的网络故障。下面介绍一些常见网络故障测试命令的使用方法。

7. 2. 2. 1　Ping 网络连通测试命令

Ping 是网络连通测试命令，是一种常见的网络测试工具。用这种测试工具可以测试端到端的连通性，即检查源端到目的端网络是否通畅。该命令主要用来检查路由是否能够到达。Ping 的原理很简单，就是通过向计算机发送 Internet 控制信息协议（ICMP）从源端向目的端发出一定数量的网络包，然后从目的端返回这些网络包的响应，以校验与远程计算机或本地计算机的连接情况。对于每个发送网络包，Ping 最多等待 1 s 并显示发送和接收网络包的数量，比较每个接收网络包和发送网络包，以校验其有效性。默认情况下，发送四个回应网络包。由于该命令的网络包长非常小，所以在网上传递的速度非常快，可以快速地检测要去的站点是否可达，如果在一定的时间内收到响应，则程序返回从网络包发出到收到的时间间隔，这样根据时间间隔就可以统计网络的延迟。如果网络包的响应在一定时间间隔内没有收到，则程序认为网络包丢失，返回请求超时的结果。这样如果让 Ping 一次发一定数量的网络包，然后检查收到相应包的数量，则可统计出端到端网络的丢包率，丢包率是检验网络质量的重要参数。一般在去某一站点时可以先运行一下该命令看看该站点是否可达。如果执行 Ping 不成功，则可以预测故障出现在以下几个方面：网线是否连通、网络适配器配置是否正确、IP 地址是否可用。

如果执行 Ping 命令成功而网络仍无法使用，那么问题很可能出在网络系统的软件配置方面，Ping 命令成功只能保证当前主机与目的主机间存在一条连通的物理路径。它的使用格式是在命令提示符下键入 ping IP 地址或主机名，执行结果显示响应时间，重复执行这个命令，可以发现 Ping 报告的响应时间是不同的。如果网络管理员和用户的 Ping 命令都失败了，Ping 命令显示的出错信息是很有帮助的，可以指导进行下一步的测试计划。这时可注意 Ping 命令显示的出错信息，出错信息通常分为三种情况。

（1）不知名主机（unknown host），该远程主机的名字不能被 DNS（域名服务器）转换成 IP 地址。网络故障可能为 DNS 有故障，或者其名字不正确，或者网络管理员的系统与远程主机之间的通信线路有故障。

（2）网络不能到达（network unreachable），这是本地系统没有到达远程系统的路由，可用 netstat-rn 检查路由表来确定路由配置情况。

（3）无响应（no answer），远程系统没有响应。这种故障说明本地系统有一条到达远程主机的路由，但却接收不到它发给该远程主机的任何报文。这种故障可能是：远程主机没有工作或者本地或远程主机网络配置不正确，或者本地或远程的路由器没有工作或者通信线路有故障，或者远程主机存在路由选择问题。

（4）不可达（request time out），如果在指定时间内没有收到应答网络包，则 Ping 认为该计算机不可达。网络包返回时间越短，Request time out 出现的次数就越少，则意味着与此计算机的连接越稳定、速度越快。

Ping 命令的语法格式如下：

ping〔-t〕〔-a〕〔-n count〕〔-l size〕〔-f〕〔-i TTL〕〔-v TOS〕〔-r count〕〔-s count〕〔〔-j host-list〕｜〔-k host-list〕〕〔-w timeout〕 destination-list

主要参数有：

-t 设置 Ping 不断地向指定的计算机发送报文，按"Ctrl+Break"可以查看统计信息或继续运行，直到用户按"Ctrl+C"中断。

-a 用来将 IP 地址解析为计算机名。

-f 告诉 Ping 不要将报文分段〔如果用-l 设置了一个分段的值，则信息就不发送，并显示关于 DF（don't fragment）标志的信息〕。

-n 指定 Ping 发送请求的测试包的个数，缺省值为 4。

-l size 发送由 size 指定数据大小的回应网络包。

-i 指定有效时间（TTL）（可取的值为 1~255）。

-v 使用户可以改变 IP 数据报中服务的类型（type of service，TOS）。

-r 记录请求和回答的路由。最少 1 个主机、最多 9 个主机可以被记录。

-s 提供转接次数的时间信息，次数由 count 的值决定。

-j 以最多 9 个主机名指定非严格的源路由主机（非严格源路由主机是指在主机间可以有中间的路由器），注意-j 和-k 选项是互斥的。

-k 以最多 9 个主机名指定严格的源路由主机（严格源路由主机是指在主机间不可以有中间的路由器）。

-w 使用户可以指定回答的超时值，以毫秒为单位。

destination-list 指定 Ping 的目标，可以是主机名或 IP 地址。

可通过在 MS-Dos 提示符下运行 Ping -? 命令来查看 Ping 命令的具体语法格式，如图 7.1 所示。

用 Ping 工具检查网络服务器和任意一台客户端上 TCP/IP 协议的工作情况时，只要在网络中其他任何一台计算机上 Ping 该计算机的 IP 地址即可。例如，要检查网关 192.168.1.1 上的 TCP/IP 协议工作是否正常，只要在"开始"菜单下的"运行"子项中键入"ping 192.168.1.1"就可以了。如果文件服务器上的 TCP/IP 协议工作正常，即会以 Dos 屏幕方式显示如图 7.2 所示的信息。

以上返回了 4 个测试数据包，其中字节＝32 表示测试中发送的数据包大小是 32 个字节，时间<1 ms 表示与对方主机往返一次所用的时间小于 1 ms，TTL＝64 表示当前测试使用的 TTL（Time to Live）值为 64（系统默认值为 128）。测试表明网络的连接非常正常，没有丢失数据包，响应很快。对于局域网的连接，数据包丢失越少和往返时间越小则越正常。如果数据包丢失率高、响应时间非常慢，或者各数据包不按次序到达，那么就有可能是硬件有毛病；当然，如果这些情况发生在广域网上就不必太担心。关键的统计信息包括以下几个。

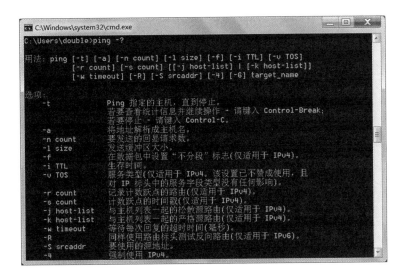

图 7.1

图 7.2

第一，一个数据包往返传送需要多长时间。它显示在 time＝之后。

第二，数据包丢失的百分比。它显示在 Ping 输出结束处的总统计行中。

第三，数据包到达的次序。如每个数据包的 ICMP 序号（icmp_ seq）。

如果网络有问题，要仔细分析网络故障出现的原因和可能有问题的网上节点，建议从以下几个方面来着手排查。

第一，看一下被测试计算机是否已安装了 TCP/IP 协议。

第二，检查一下被测试计算机的网卡安装是否正确且是否已经连通。

第三，看一下被测试计算机的 TCP/IP 协议是否与网卡有效的绑定（具体方法是通过选择"开始→控制面板→网络"来查看）。

如果通过以上三个步骤的检查还没有发现问题的症结，建议重新安装并设置一下

TCP/IP 协议，如果是 TCP/IP 协议的问题，这时绝对可以彻底解决。

上述应用技巧其实重点仍是 Ping 命令在局域网中的应用，其实 Ping 命令不仅在局域网中被广泛使用，在 Internet 互联网中也经常使用它来探测网络的远程连接情况。平时，当遇到以下两种情况时，需要利用 Ping 工具对网络的连通性进行测试。

Ping 成功只能保证当前主机与目的主机间存在一条连通的物理路径。如果执行 Ping 成功而网络仍无法使用，那么问题很可能出在网络系统的软件配置方面。若执行 Ping 不成功，则故障可能是网线不通、网络适配器配置不正确或 IP 地址不可用等。

一个简单的 Ping 测试的结果，即使该测试顺利通过，也能指导网络管理员做进一步的测试，帮助找到最可能发生问题的地方。但是要深入检查问题，并找到潜在的原因，还需要其他的诊断工具。

Ping 命令特殊的应用包括以下两种。

（1）Ping 127.0.0.1。

127.0.0.1 是表示本地循环的 IP 地址，通过此命令主要是测试计算机上协议是否安装正确。如果无法 Ping 通这个地址，也就是说本机 TCP/IP 协议不能够正常工作，应重新配置 TCP/IP 协议。

（2）Ping 本机的 IP 地址。

如果 Ping 通了本机 IP 地址，就说明网络适配器（网卡或者 MODEM）工作正常；如果 Ping 不通，说明网络适配器出现故障，需要重新安装。

7.2.2.2　ARP 命令

地址解析协议（address resolution protocol，ARP）是 TCP/IP 协议集网际层协议。TCP/IP 网络通信一般需经过两次解析，首先是将宿主机名解析为 IP 地址，称为名字解析，这是使用 DNS 或 HOSTS 文件实现的，由 ARP 协议通过查询 ARP 缓存或使用本地广播来获得目标主机的硬件地址。如果目标主机不在本地网上，ARP 将获得缺省网关（default gateway）的硬件地址，完成 IP 地址到物理地址的解析。ARP 命令用于 IP 地址与硬件地址解析转换表的管理，包括显示、增加、删除。在缺省情况下，ARP 高速缓存中的项目是动态的，每当发送一个指定地点的数据报且高速缓存中不存在当前项目时，ARP 便会自动添加该项目。一旦高速缓存的项目被输入，它们就已经开始进行失效计时。例如，如果输入项目后不进一步使用，物理/IP 地址就会在 2~10 分钟内失效。所以，需要通过 ARP 命令查看高速缓存中的内容时，最好先 Ping 此台计算机。

ARP 常用命令选项如下。

-a

用于查看高速缓存中的所有项目。

-a IP

如果计算机有多个网卡，那么使用 arp-a 加上接口的 IP 地址，就可以只显示与该接口相关的 ARP 缓存项目。

-d IP

使用本命令能够人工删除一个静态项目。

如果使用过 Ping 命令测试并验证从这台计算机到 IP 地址为 10.0.0.99 的主机的连通性，则 ARP 缓存显示以下项。

Interface：10.0.0.1 on interface 0x1

Internet Address	Physical Address	Type
10.0.0.99	00-e0-98-00-7c-dc	dynamic

缓存项指出位于 10.0.0.99 的远程主机解析成 00-e0-98-00-7c-dc 的媒体访问控制地址，它是在远程计算机的网卡硬件中分配的。介质访问控制地址是计算机用于与网络上远程 TCP/IP 主机物理通信的地址。

7.2.2.3   Ipconfig 命令

Ipconfig 提供接口的基本配置信息。它对于检测不正确的 IP 地址、子网掩码和广播地址是很有用的。Ipconfig 程序采用 Windows 窗口的形式来显示 IP 协议的具体配置信息，如果 Ipconfig 命令后面不跟任何参数直接运行，程序将会在窗口中显示网络适配器的物理地址、主机的 IP 地址、子网掩码以及默认网关等，还可以查看主机的相关信息，如主机名、DNS 服务器、节点类型等。其中网络适配器的物理地址在检测网络错误时非常有用，如图 7.3 所示。

图 7.3

在图 7.3 中，窗口中显示了主机名、DNS 服务器、节点类型以及主机的相关信息，如网卡类型、MAC 地址、IP 地址、子网掩码以及默认网关等。

Ipconfig 命令的语法格式中几个最实用的参数为：

all：显示与 TCP/IP 协议相关的所有细节，其中包括主机名、节点类型、是否启用

IP 路由、网卡的物理地址、默认网关等。

其他参数可在 Dos 提示符下键入"ipconfig /?"命令来查看。

Ipconfig/display dns

选项/display dns 用于查看客户端的 DNS 解析器的缓存。

7.2.2.4　Tracert 命令

Tracert 是 TCP/IP 网络中的一个路由跟踪实用程序，用于确定 IP 数据包访问目标主机所采取的路径。通过 tracert 命令所显示的信息，既可以掌握一个数据包信息从本地主机到达目标主机所经过的路由，还可以了解网络阻塞发生在哪个环节，为网络管理和系统性能分析及优化提供依据。

发送一系列 ICMP 数据包到目的地时，前 3 个数据包的 F 值设置为 1，并对以后每 3 个数据包为一组都使 TTL 增加 1。因为路由器要将 TTL 值减 1，则第一个数据包只能到达第一个路由器。路由器就发送 ICMP 应答到源主机，通知 TTL 已超时。这就使得 Tracert 命令可以在日志中记录第一个路由器的 IP 地址。然后 TTL 值为 2 的第二组数据包沿路由到达第二个路由器，TTL 也超时。另一个 ICMP 应答发送到源主机。这个 TTL 值增加的过程一直继续下去，直到得到目的地的回答，或者直到 TTL 达到了最大值 30 为止。使用 tracert 的命令行语法如下。

tracert ［-d］［-h maximum_ hops］［-j host-list］［-w timeout］target_ name

此格式中各选项的意义如下。

-d 指定 tracert 不要将 IP 地址解析为主机名。

-h 指定最大转接次数（实际上指定了最大的 TTL 值）。

-j 允许用户指定非严格源路由主机（和 Ping 相同，最大值为 9）。

-w 指定超时值，以毫秒为单位。

destination 即目标，可以是主机名或 IP 地址。

7.2.2.5　Route 命令

Route 命令用于管理静态路由表。静态路由表由目标（destination）、子网掩码（subnetmask）和网关（gateway）组成。Route 命令对静态路由表的操作包括增、删、改、清除及显示，命令格式如下。

route　add　［目标］　　［MASK　掩码］　　［网关］　　增加一个路由

route　delete　［目标］　　［MASK　掩码］　　［网关］　　删除一个路由

route　change　［目标］　　［MASK　掩码］　　［网关］　　改变一个路由

route　-f　清除全部路由

route　print　显示路由表

由于用 Route 命令建立的静态路由没有写入文件中，因此重新启动系统后需要重新构造。

Destination 指定路由的网络目标地址。目标地址可以是一个 IP 网络地址（其中网络地址的主机地址设置为 0），对于主机路由是 IP 地址，对于默认路由是 0.0.0.0。

Subnetmask 是指定与网络目标地址相关联的网掩码（又称之为子网掩码）。子网掩码对于 IP 网络地址可以是一个适当的子网掩码，对于主机路由是 255.255.255.255，对于默认路由是 0.0.0.0。如果忽略，则使用子网掩码 255.255.255.255。定义路由时由于目标地址和子网掩码之间的关系，目标地址不能比它对应的子网掩码更为详细。换句话说，如果子网掩码的一位是 0，则目标地址中的对应位就不能设置为 1。

Gateway 是指定超过由网络目标和子网掩码定义的可达到的地址集的前一个或下一个跃点 IP 地址。对于本地连接的子网路由，网关地址是分配给连接子网接口的 IP 地址。对于要经过一个或多个路由器才可用到的远程路由，网关地址是一个分配给相邻路由器的、可直接达到的 IP 地址。

7.2.2.6 Netstat 命令

Netstat 程序有助于人们了解网络的整体使用情况。它可以显示当前正在活动的网络连接的详细信息，可提供各种各样的信息，通常用来显示每个网络接口、网络插口、网络路由表等的详细统计资料。例如，显示网络连接、路由表和网络接口信息，可以让用户得知目前都有哪些网络连接正在运行。Netstat 命令用于对 TCP/IP 网络协议和连接进行统计，统计内容包括以下几项。

（1）接口统计。统计接口收发数据量（字节数）、差错数目、废弃（discard）数目、单点播发（unicast）数据包数等。

（2）IP 统计。统计接收 IP 包总数，其中包括正确递交、地址错、IP 包头错分别统计以及转发数据报数目统计等。

（3）ICMP 统计。网际控制信息协议（internet control message sprotocol，ICMP）位于 TCP/IP 协议集网际层，负责提供网络 IP 数据包传递时收发消息和错误报告。ICMP 消息主要包括回应请求、回应应答、重定向、目标未达到等。例如，测试诊断命令 Ping 的执行结果计入 ICMP 的回应请求、回应应答及消息收发统计中。

（4）TCP 统计。统计当前连接数，连接失败重试次数，主动/被动打开数等。例如使用共享文件或共享打印机等建立连接。

（5）UDP 统计。统计接收和发送数据报（Datagrams）的数量及出错情况。

（6）路由表。列出当前静态路由表。由此可见，Netstat 命令对于网络统计与诊断有一定的参考意义。

可以使用 netstat/? 命令来查看一下该命令的使用格式以及详细的参数说明，该命令的使用格式是在 DOS 命令提示符下或者直接在运行对话框中键入如下命令：netstat［参数］，利用该程序提供的参数功能，可以了解该命令的其他功能信息，例如显示以太网的统计信息、显示所有协议的使用状态，这些协议包括 TCP 协议、UDP 协议以及

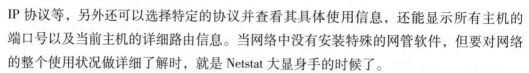

IP 协议等，另外还可以选择特定的协议并查看其具体使用信息，还能显示所有主机的端口号以及当前主机的详细路由信息。当网络中没有安装特殊的网管软件，但要对网络的整个使用状况做详细了解时，就是 Netstat 大显身手的时候了。

Netstat 命令的语法格式如下：

netstat［－a］［－e］［－n］［－s］［－p proto］［－r］［interval］

－a 显示所有与该主机建立连接的端口信息。此命令可以显示出计算机当前所开放的所有端口，其中包括 TCP 端口和 UDP 端口。有经验的管理员会经常使用它，以此来查看计算机的系统服务是否正常，是否被"黑客"留下后门、木马等。在刚刚装了系统配置好服务器以后运行一下 netstat －a 看看系统开放了什么端口，并记录下来，以便以后作为参考使用，当发现有不明的端口时就可以及时做出对策。由于这个参数同时还会显示出当前计算机正连接着的服务器，所以 netstat 也是一种实时入侵检测工具，如发现有个 IP 连接着不正常的端口，可以及时做出有效对策。

－e 显示以太网的统计，该参数一般与 s 参数共同使用。

－n 以数字格式显示地址和端口信息。

－s 显示每个协议的统计情况，这些协议主要有传输控制协议（transfer control protocol，TCP）、用户数据报协议（user datagram protocol，UDP）、网间控制报文协议（internet control messages protocol，ICMP）和网际协议（internet protocol，IP），其中前三种协议一般平时很少用到，但在进行网络性能评析时却非常有用。

－p 只显示出名字的协议的统计数字和协议控制块信息。显示由 protocol 指定的协议的连接；protocol 可以是 tcp 或 udp。如果与 －s 选项一同使用显示每个协议的统计，protocol 可以是 tcp，udp 或 ip。

这个参数可以指定查看什么协议的连接状态，比如查看当前计算机正在连接的所有 TCP 端口。

－r 显示路由表的内容。

所有参数，可在 Dos 提示符下键入"netstat －？"命令来查看。如果用户想要统计当前局域网中的详细信息，可通过键入"netstat － e － s"来查看。

若接收错和发送错接近为零或全为零，网络的接口无问题。但当这两个字段有 100 个以上的出错数据包时就可以认为是高出错率了。高的发送错表示本地网络饱和或在主机与网络之间有不良的物理连接；高的接收错表示整体网络饱和、本地主机过载或物理连接有问题，可以用 Ping 命令统计误码率，进一步确定故障的程度。

7.2.2.7 nslookup 命令

这是一个用来确认 DNS 服务器的动作。如 nslookup 域名，这是正向解析，如果失败说明机器的 DNS 设置有错，或者 DNS 服务器未启动。

参考文献

[1]　陈鸣. 网络工程设计教程:系统集成方法[M].2 版.北京:机械工业出版社,2008.

[2]　谢希仁. 计算机网络[M].5 版.北京:电子工业出版社,2008.

[3]　杨陟卓. 网络工程设计与系统集成[M].3 版.北京:人民邮电出版社,2014.

[4]　张公忠. 现代网络技术教程[M].2 版.北京:电子工业出版社,2004.

[5]　常晋义,何世明,赵秀兰. 现代网络技术及应用[M]. 北京:机械工业出版社,2004.

[6]　徐功文. 路由与交换技术[M]. 北京:清华大学出版社,2017.

[7]　苗凤君,夏冰,董跃钧,等. 局域网技术与组网工程[M].2 版.北京:清华大学出版社,2019.

[8]　姚琳,林驰,王雷. 无线网络安全技术[M].2 版.北京:清华大学出版社,2018.

[9]　王毅,李会,彭光彬,等. 中小企业网络建设技术[M].2 版.北京:清华大学出版社,2017.